实验实践类与创新创业类系列教材

机械设计多层次实验教程

主　编　桂　亮
副主编　金　悦　郭　婷

内容提要

本教程按照卓越工程师培养的实验体系，在西安交通大学机械设计基础系列课程实验教学改革研究和实践的基础上进行编写，是西安交通大学机械基础国家级实验教学示范中心在多层次实践教学体系与内容改革及研究方面所取得的成果之一。

“机械设计基础（机械原理和机械设计）”是高等工科院校机械类、近机类专业的专业基础课，其实验教学对于培养学生的创新设计能力、工程实践能力起着重要的作用。本书根据多层次实践教学体系，以“设计”为主线，在“机械设计基础”课程实验的基础上进行了拓展，包括四个层次的实验：机械设计基础验证型实验、机械设计基础综合型实验、开放创新实验和机械创新设计 CDIO 实践项目。

本书可作为高等院校机械类、近机类及其他相关专业机械原理、机械设计、机械设计基础等课程的实验教材，也可作为相关课程教学参考用书。

图书在版编目（CIP）数据

机械设计多层次实验教程 / 桂亮主编；金悦，郭婷副主编 .--西安：西安交通大学出版社，2024.12

ISBN 978-7-5693-2980-3

Ⅰ.①机… Ⅱ.①桂…②金…③郭… Ⅲ.①机械设计—实验—教材 Ⅳ.①TH122-33

中国版本图书馆 CIP 数据核字（2022）第 240173 号

JIXIE SHEJI DUOCENGCI SHIYAN JIAOCHENG

书　　名　机械设计多层次实验教程
主　　编　桂　亮
副 主 编　金　悦　郭　婷
责任编辑　刘雅洁
责任校对　李　文
装帧设计　伍　胜

出版发行　西安交通大学出版社（西安市兴庆南路 1 号　邮政编码 710048）
网　　址　http：//www. xjtupress. com
电　　话　（029）82668357 82667874（市场营销中心）
　　　　　（029）82668315（总编办）
传　　真　（029）82668280
印　　刷　西安五星印刷有限公司

开　　本　787 mm×1092 mm　1/16　**印张** 8.25　**字数** 375 千字
版次印次　2024 年 12 月第 1 版　2024 年 12 月第 1 次印刷
书　　号　ISBN 978-7-5693-2980-3
定　　价　24.50 元

如发现印装质量问题，请与本社市场营销中心联系。
订购热线：（029）82665248　（029）82667874
投稿热线：（029）82664954
读者信箱：liuyajie@xjtu. edu. cn

前 言

新工科建设对人才能力的培养提出了新的要求，注重培养学生运用所学知识解决实际工程问题能力、工程设计能力、创新创业能力等，因此，新工科背景下的实践教学提升到一个新的高度。为了适应新工科背景下的机械工程类人才实践能力培养需求，西安交通大学机械基础国家级实验教学示范中心开展了多层次实验教学。

“机械设计基础（机械原理和机械设计）”作为机械类、近机类专业的专业基础课，在培养学生创造性思维、综合设计能力和机械工程实践能力等方面占有重要的地位。本课程包括理论教学和实践教学两个环节，二者互相支撑，同等重要。按照工程教育认证的要求，将原来课内实验中针对简单知识点、过程按部就班、评价方式笼统单一的验证型实验学时占比大幅缩减，增加了综合型实验。

本实验教程与陈晓南等主编的《机械设计基础（第四版）》（科学出版社，2023）教材相配套，主要包括验证型实验和综合型实验，并在此基础上进行了拓展，增加了与机械设计相关的课外开放创新实验和机械创新设计 CDIO 实践项目。全书分为 5 章，以“设计”为主线，循序渐进地培养学生的设计能力。具体章节设置如下。

第 1 章绪论，阐述机械设计类实验的重要性并介绍多层次实验。

第 2 章机械设计基础验证型实验，包括缝纫机机构分析实验、机构创新设计与拼接实验、渐开线齿轮展成实验、带传动实验、回转构件的动平衡实验、轴系结构分析与组装实验、机器和机构观摩认知实验、机械零部件观摩认知实验等。

第 3 章机械设计基础综合型实验，包括面向机器复杂功能的运动系统创新设计与实现、机器功能驱动的机构优化设计与评价、轴系结构设计与组装等。

第 4 章开放创新实验，包括基于创新理论的仿生机器人机构创意设计、制作与控制，基于慧鱼的机电一体化实验，基于模块化机器人的多自由度机构装配及运动分析，机器的 Inventor 三维建模及运动仿真，轮式格斗机器人设计与制作，深度学习视觉格斗机器人等。

第 5 章机械创新设计（CDIO 项目实践），引入 CDIO（Conceive Design Implement Operate，构思、设计、实现、运作）教学理念，依托了全国大学生机械创新设计大赛、全国大学生机器人大赛等各类学科竞赛的机械创新设计实践项目，在知识和技能的基础上做复杂度更高的设计和研究，主要培养学生解决复杂工程问题的能力。本章主要以案例的形式介绍全国大学生机械创新设计大赛获奖作品。

本书在编排上，针对不同类型实验项目采取了不同编写思路，特点包括：

(1) 对于综合型和创新型实验，体现“项目制”为主线的原则，结合优秀项目案例，帮助学生体会机械创新设计全过程。

(2) 由单一纸质教材向立体化教材转化。仪器设备操作、综合型实验项目优秀案例作品以视频形式，通过扫描二维码呈现。

（3）丰富的扩展阅读。对于综合型实验，设置参考资料，拓展视野，提升学生兴趣。

本教材结合机械设计基础课程教学改革和发展趋势，围绕本科生设计能力的培养，遵从 OBE（Outcome Based Education，能力导向教育）理念，在教材建设中体现实验项目的工程性、梯度性和新颖性等原则。同时兼顾传统与现代、基本与拓展、继承与创新、课内与课外相结合，满足不同学生的需求。按照逐层深入的指导思想，通过多层次训练方式逐步培养学生对机构的认知、理解、设计、创新等能力。内容完全同步于机械设计基础课程理论教学内容，既促进学生对理论的理解和掌握，又为知识点如何应用提供了训练渠道。本书可作为高等学校机械工程专业机械设计基础课程的实验教材，也可供相关技术人员参考。

本实验教程编写工作安排如下：桂亮编写第 2 章 2.1 节、2.2 节、2.3 节、2.5 节、2.7 节，第 3 章 3.2 节，第 4 章 4.1 节、4.3 节、4.5 节、4.6 节，第 5 章；金悦编写第 1 章，第 2 章 2.4 节、2.6 节，第 3 章 3.1 节，第 4 章 4.2 节；郭婷编写第 2 章 2.8 节，第 3 章 3.3 节，第 4 章 4.4 节。

本教材编写过程中得到西安交通大学教务处、机械工程学院的大力支持。

由于编者水平有限，书中难免存在不足之处，恳请广大读者提出宝贵的意见和建议。

编者

2024 年 03 月 10 日

目　录

第1章 绪 论

新工科的建设对人才能力的培养提出了新的要求，注重培养学生运用所学知识解决实际工程问题能力、工程设计能力、创新创业能力等。因此，新工科背景下的实践教学提升到了一个新的高度。各高校纷纷进行实践教学改革，形成了多层次的实践教学体系。通过多层次的实践环节，培养学生的动手能力、解决复杂工程问题的能力。本书作者在长期从事机械设计基础课程实验教学的同时，还指导学生参加过全国大学生机械产品数字化设计大赛、全国大学生机械创新设计大赛等多个创意设计类竞赛，在指导竞赛的过程中对学生遇到的问题有针对性地进行辅导，并将指导的理念融入机械设计基础的实验当中，逐步形成了以验证实验为知识学习基础，以综合实验为能力训练的多层次实验教学体系，在实践过程中取得了出色的成绩。作者指导的竞赛队伍已在全国大学生机械工程创新创意大赛机械产品数字化设计赛、全国大学生机械创新设计大赛等多个创意设计类竞赛中取得国家级一等奖的好成绩。

1.1 机械设计类实验的重要性

机械设计基础是高等院校机械类专业的一门专业核心基础课，在培养学生创造性思维、综合设计能力和机械工程实践能力等方面占有重要的地位。

本课程包括理论教学和实践教学两个环节，旨在培养学生在机械设计领域的创新意识和应用能力；使学生掌握机械设计与分析的基本理论、基本知识和基本技能及常用机构的分析与设计方法，并具备基本的机械系统运动分析和方案设计能力；使学生掌握通用机械零件的设计原理、方法和机械设计的一般规律，以及运用标准、规范、手册、图册等有关技术资料的能力，从而具备在机械设计中识别、分析、解决复杂工程问题的能力。

机械设计是机电产品的重要基础，它承载着运动规划与能量传递的功能，设计时不仅要了解运动与能量传递的规律，还要根据运动要求，找到合适的机构，根据每个零件的功能，确认它的尺寸与结构。所以不仅要知道“设计”是什么，还要知道怎么做。课堂知识主要是分析“是什么”，而“怎么做”则需要通过实验环节来体现。尤其是，“知道”与“会”是两个不同的概念。例如，我们学游泳时对蛙泳的姿势和动作了然于心，但这时却不能说是真正学会了蛙泳，还需要在实践中学习。实际上，理解一个规律和运用一个规律解决问题使用的大脑区域不同，“运用”意味着知识的体验与信息的重新整合。机械设计实验实际上要完成两个阶段的任务，第一阶段是促进对课堂知识的理解，第二阶段是要让学生完成设计。第二阶段的任务，不仅包含着知识的学习，还包含着信息的整合，要达到“会”的目标。根据心理学的分析，“知道”和“会”是两个不同的认知过程，“知道”是信息的复述，属于陈述性知识，而“会”包含信息的整合，是过程性知识，过程性知识是不可教与不可学的。也就是说，过程性知识的掌握是一个黑箱，这也是机械设计学习的难点。机械设计实验承担着机械设计学习的难点，其重要意义不言而喻。

1.2 机械设计类多层次实验

机械设计基础传统的实验教学常常采用验证性的实验方法，只要求学生通过固定的模式进行实验，该类实验可使学生在实验过程中获得一些理论验证或感性认识，但是对学生整体分析能力、综合设计能力、创新能力的培养显然不够。

按照工程教育认证的要求，结合机械设计基础课程教学改革和发展趋势，将课程中原来知识点简单、过程按部就班、评价方式笼统单一的验证型实验大幅缩减，增加了综合型实验。同时，各高校也设置了各种课外实践选修环节，例如课外创新型实验，依托于各类竞赛的项目实践等。通过不同层次的实验和实践过程，循序渐进地培养学生的设计能力、解决问题的能力、探究的能力。

本实验教程的主要内容有四部分：

（1）机械设计基础验证型实验，主要是帮助学生理解课程内容，注重培养学生掌握机械设计基础基本概念、机构表达和分析能力及基本实验技能，包括缝纫机机构分析实验、机构创新设计与拼接实验、渐开线齿轮展成实验、带传动实验、回转构件的动平衡实验、轴系结构分析与组装实验、机器和机构观摩认知实验、机械零部件观摩认知实验等。

（2）机械设计基础综合型实验，注重培养学生的系统方案设计能力，建模能力，机构分析、结构分析与设计能力，解决问题的能力，包括面向机器复杂功能的运动系统创新设计与实现、机器功能驱动的机构优化设计与评价、轴系结构设计与组装。综合型实验注重与机械设计学科前沿研究内容相结合，包括仿生机构、并联机构、折纸机构的设计与研究等。

（3）开放创新实验，从实验内容到实验形式均采用开放方式进行，在知识点的基础上培训相关技能，注重学生自主学习和创新能力的培养。学生根据自己的兴趣和能力选取实验项目，包括基于创新理论的仿生机器人机构创新设计、制作与控制，基于慧鱼的机电一体化实验，基于模块化机器人的多自由度机构装配及运动分析，机器的 Inventor 三维建模及运动仿真，轮式格斗机器人设计与制作，深度学习视觉格斗机器人等。

（4）机械创新设计，也称 CDIO 项目实践，主要是培养学生创新能力与工程运用能力。该部分以案例的形式介绍历届全国大学生机械创新设计大赛获奖作品，包括基于互动教学的立体影像展示机、助力柑子采摘器、“空中驿站”——基于梳齿开合原理的行道上方空间停车系统，“乐扶”——基于人工智能和室内定位的辅助起立机器、“螭龙”——脊髓模型驱动的仿生蝾螈。

多层次实验的最终目标是培养学生的创新设计能力，能力培养的核心是让学生达到会的程度，面对这种不可教、不可学的黑箱，实验的过程设计是整个实验的核心。根据新工科的要求，学生应该具备面对新的知识自我学习的能力，所以整个教程的实验，是以培养学生的自主学习能力为目的，基于 OBE 模式和“以学生为中心”的理念，循序渐进设计的。验证实验的设计重点是解决对课堂知识的理解和基本实验测试方法的掌握。综合实验的设计重点是自主学习能力的培养、复杂问题的分析与解决、设计工具的使用、项目流程的体验。开放创新实验的设计重点则是创新的理解与运用、学科前沿的了解。机械创新设计（CDIO 项目实践）的重点是面向工程问题的创新设计与实现。每个实验都通过任务安排与过程考核相结合的方式对学生的学习过程给予及时的反馈，部分解决了黑箱的难点，并取得了很好的效果。教材内容充分体现了实验项目的工程性、梯度性和新颖性等特点，对学生综合能力的培养、实验教学创新的推动、卓越工程师教育培养计划实施的推进具有重要意义。

第2章　机械设计基础验证型实验

本章主要是机械设计基础课内验证型实验，包括缝纫机机构分析实验、机构创新设计与拼接实验、渐开线齿轮展成实验、带传动实验、回转构件动平衡实验、轴系结构分析与组装实验、机器和机构观摩认知实验、机器零部件观摩认知实验。

2.1　缝纫机机构分析实验

2.1.1　实验目的

(1) 分析家用缝纫机机头机构的组成原理及各机构的功能。

(2) 了解各机构之间运动的相互协调关系，掌握机构分析与设计方法。

(3) 培养学生抽象思维、机构表达和分析能力。

2.1.2　实验设备

(1) 缝纫机机头实物模型（见图2-1-1）。

(2) 需自备绘图用具，包括铅笔、直尺、橡皮、圆规和练习纸等。

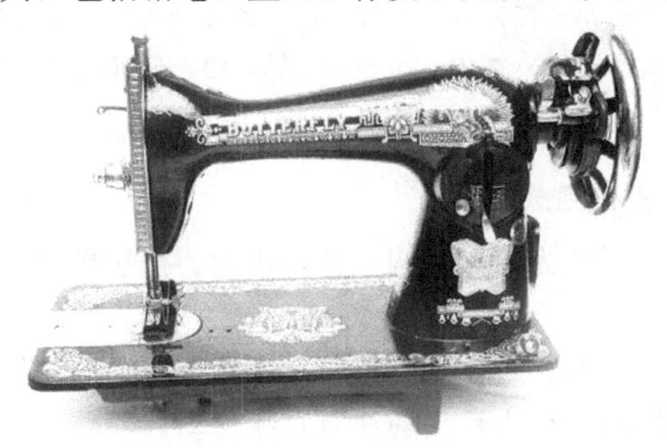

图2-1-1　缝纫机机头

2.1.3　实验原理

1. 缝纫机机头结构

缝纫机机头结构如图2-1-2所示。

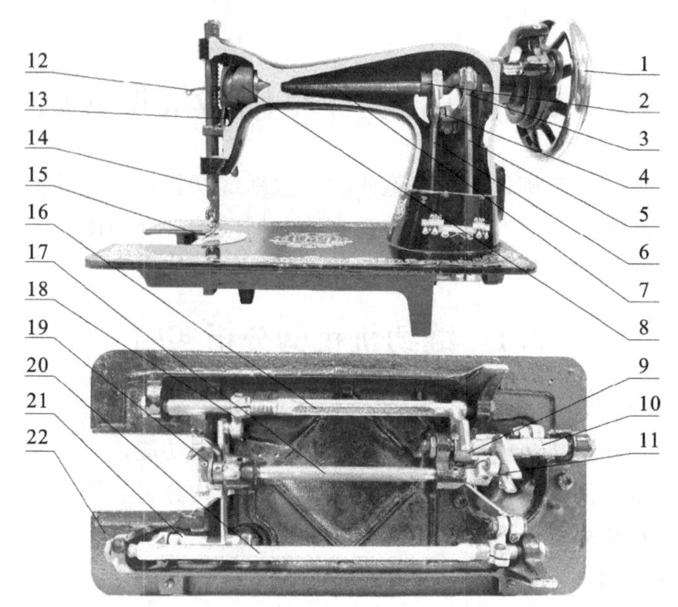

1—手轮；2—送布凸轮；3—针距螺钉；4—牙叉滑块；5—大连杆；6—牙叉；
7—上轴；8—挑线凸轮；9—摆轴凸轮；10—摆轴；11—摆轴滑块；
12—挑线杆；13—小连杆；14—针杆；15—送布牙；16—抬牙轴；17—下轴；
18—抬牙曲柄；19—摆梭；20—送布轴；21—送布曲柄；22—底座。

图2-1-2 缝纫机机头结构示意图

2. 缝纫机机头主要机构组成

缝纫机机头根据功能可分为四大机构：针刺机构、摆梭机构、挑线机构、送布机构。

（1）针刺机构。

针刺机构包含手轮、上轴、小连杆、针杆、底座等。它的作用是刺穿布料、引过面线并形成线环。其执行构件的运动为针头的往复直线移动。

（2）摆梭机构。

摆梭机构包含手轮、上轴、大连杆、摆轴、摆轴滑块、下轴、摆梭、底座等。它的作用是钩住面线抛出的线环，使其套住底线。其执行构件的运动为摆梭的往复摆动。

（3）挑线机构。

挑线机构包含手轮、上轴、挑线凸轮、挑线杆、底座等。它的作用是输线和收线。其执行构件的运动为挑线杆的往复摆动。

（4）送布机构。

送布机构包含手轮、上轴、送布凸轮、牙叉、牙叉滑块、针距螺钉、送布轴、送布牙、抬牙曲柄、抬牙轴、摆轴凸轮、摆轴、大连杆、底座等。它的作用是推送缝料向前或向后运动。其执行构件的运动为送布牙上、下、前、后的复合运动，其运动轨迹为矩形轨迹。

2.1.4 实验任务

机构运动简图是从运动学的角度出发，对实际机器中与运动无关的因素进行简化与抽象后，得到的与实际机器有完全相同运动特性的图形。通过机构运动简图可以分析研究机构的运动，进行方案的对比。本实验的任务是绘制缝纫机机头的四大机构运动简图，并计算各机构的自由度。

2.1.5　实验步骤

机构运动简图的绘制步骤如下。

1. 分清构件

分析机构的组成和运动。首先分清机架和主动件，然后按传动路线逐个分清各从动件，并依次给各构件标上数字编号。

2. 判定构件之间的运动关系（即运动副类型）

一般从主动件开始，按照传动顺序，逐个分析相邻两构件之间的相对运动性质或运动副具体构造的几何特征，据此确定运动副的类型。

3. 选择合理的视图平面和主动件位置，测量机构的运动尺寸

一般选择能够展示多数构件运动状态的平面作为视图平面，并把主动件选定在某一位置上，以此作为绘制机构运动简图的基准，并据此测量各构件上与运动有关的尺寸。

4. 选取比例绘制机构运动简图

根据图纸幅面和机构运动尺寸，按比例在图纸上定出各运动副间的相对位置，并用代表运动副和构件的符号、线条绘出机构运动简图，最后用箭头标出主动件的运动方向，标注绘图比例 μ_1 和机构的实际运动尺寸。其中，

$$\mu_1 = \frac{\text{实际长度}}{\text{图示长度}} \quad (\text{m/mm 或 mm/mm})$$

绘制缝纫机机头四大机构的机构运动简图时，请按照难易程度，先绘制针刺机构，最后绘制送布机构。

2.1.6　实验报告

请将缝纫机机头四大机构的机构运动简图绘制在 A3 图纸上，要求布局合理、整齐。

2.1.7　评价标准

实验评分标准见表 2-1-1。

表 2-1-1　缝纫机机构分析实验评分标准

实验名称	优秀 (90≤X<100)	良好 (80≤X<90)	中等 (70≤X<80)	及格 (60≤X<70)	不及格 (X<60)
缝纫机机构分析实验	针刺机构、摆梭机构、挑线机构正确，送布机构正确（不包括调节针距机构）	针刺机构、摆梭机构、挑线机构至少 2 个完全正确，送布机构基本正确（不包括调节针距机构）	针刺机构、摆梭机构、挑线机构至少 1 个完全正确，送布机构完成 1/2（不包括调节针距机构）	针刺机构、摆梭机构、挑线机构无一个完全正确，送布机构完成不足 1/2（不包括调节针距机构）	四大机构无一个完全正确

注：X 表示学生的实验成绩。

2.2 机构创新设计与拼接实验

2.2.1 实验目的

(1) 加深学生对机构组成原理的认识，进一步了解机构组成及其运动特性。

(2) 培养学生机构运动创新设计及综合设计的能力。

(3) 培养学生动手实践操作能力。

2.2.2 实验设备

本实验所用实验设备为机构运动方案创新设计实验台，如图 2-2-1 所示。

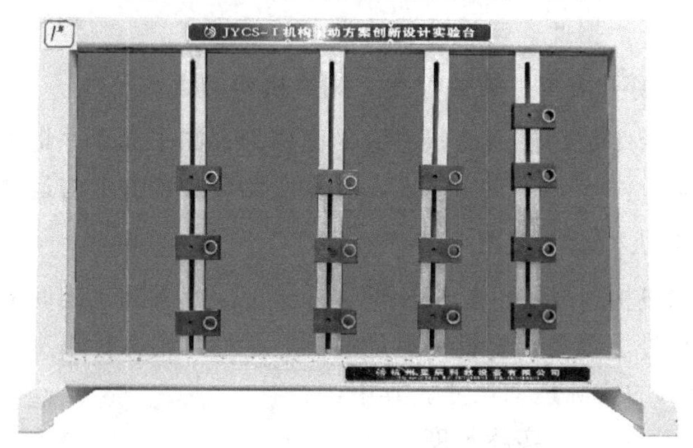

图 2-2-1 机构运动方案创新设计实验台

1. 机构运动方案创新设计实验台零件及主要功能

机构运动方案创新设计实验台零件清单见表 2-2-1。

表 2-2-1 机构运动方案创新设计实验台零件清单

序号	名 称	图 示	图 号	规 格	数 量	零件标号
1	凸轮		jyf10	推程 30 mm 回程 30 mm	4	1
	高副锁紧弹簧		jyf19		4	
2	齿轮		jyf8	标准直齿轮 $z=34$	4	2-1
			jyf7	标准直齿轮 $z=42$	4	2-2
3	齿条		jyf9	标准直齿条	4	3
4	槽轮拨盘		jyf11-2		1	4

续表

序号	名　称	图　示	图　号	规　格	数　量	零件标号
5	槽轮		jyf11 - 1	四槽	1	5
6	主动轴		jyf5	$L = 5$ mm	4	6 - 1
				$L = 20$ mm	4	6 - 2
				$L = 35$ mm	4	6 - 3
				$L = 50$ mm	4	6 - 4
				$L = 65$ mm	2	6 - 5
7	转动副轴（或滑块）- 3		jyf25	$L = 5$ mm	6	7 - 1
				$L = 15$ mm	4	7 - 2
				$L = 30$ mm	3	7 - 3
8	扁头轴		jyf6 - 2	$L = 5$ mm	16	8 - 1
				$L = 20$ mm	12	8 - 2
				$L = 35$ mm	12	8 - 3
				$L = 50$ mm	10	8 - 4
				$L = 65$ mm	8	8 - 5
9	主动滑块插件		jyf42	$L = 40$ mm	1	9 - 1
				$L = 55$ mm	1	9 - 2
10	主动滑块座		jyf37		1	10
11	连杆（或滑块导向杆）		jyf16	$L = 50$ mm	8	11 - 1
				$L = 100$ mm	8	11 - 2
				$L = 150$ mm	8	11 - 3
				$L = 200$ mm	8	11 - 4
				$L = 250$ mm	8	11 - 5
				$L = 300$ mm	8	11 - 6
				$L = 350$ mm	8	11 - 7
12	压紧连杆用特制垫片		jyf23	$\Phi 6.5$ mm	16	12
13	转动副轴（或滑块）- 2		jyf20	$L = 5$ mm	8	13 - 1
				$L = 20$ mm	8	13 - 2
14	转动副轴（或滑块）- 1		jyf12 - 1		16	14

续表

序号	名　称	图　示	图　号	规　格	数　量	零件标号
15	带垫片螺栓	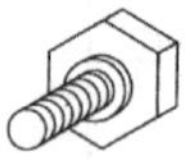	jyf14	M6	48	15
16	压紧螺栓		jyf13	M6	48	16
17	运动构件层面限位套	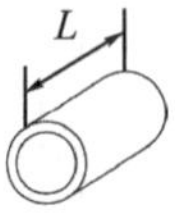	jyf15	$L=5$ mm	35	17-1
				$L=15$ mm	40	17-2
				$L=30$ mm	20	17-3
				$L=45$ mm	20	17-4
				$L=60$ mm	10	17-5
18	电机带轮、主动轴带轮		jyf36	大孔轴（用于旋转电机）	3	18-1
			jyf45	小孔轴（用于主动轴）	3	18-2
19	盘杆转动轴	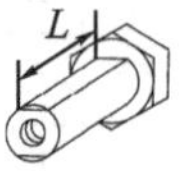	jyf24	$L=20$ mm	6	19-1
				$L=35$ mm	6	19-2
				$L=45$ mm	4	19-3
20	固定转轴块		jyf22		8	20
21	加长连杆或固定凸轮弹簧用螺栓	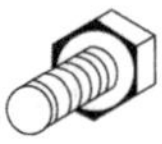	jyf21	M10	18	21-1
	螺母				18	21-2
22	曲柄双连杆部件	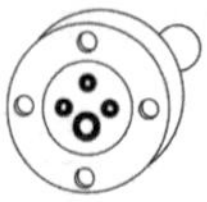	jyf17	组合件	4	22
23	齿条导向板	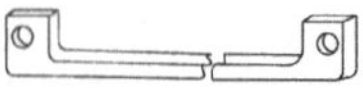	jyf18		8	23
24	转动副轴（或滑块）-4		jyf12-2		16	24
25	安装电机座行程开关座用内六角螺栓/平垫	标准件		M8×25 mm Φ8 mm	各 20	25

续表

序号	名　称	图　示	图　号	规　格	数　量	零件标号
26	内六角螺钉	标准件		M6×15 mm	4	26
27	内六角紧定螺钉			M6×6 mm	18	27
28	滑块		jyf33 jyf34		64	28
29	实验台机架		jyf31		1	29
30	立柱垫圈		jyf44	Φ9 mm	40	30
31	锁紧滑块方螺母			M6	64	31
32	T 形螺母		jyf43		20	32
33	平垫片			Φ17 mm	20	33－1
	防脱螺母			M12	76	33－1
34	平键			3 mm×15 mm	20	34
35	直线电机控制器				1	35
36	皮带	标准件		O 形	3	36

注：z 表示齿轮齿数。

零件说明如下：

零件 1 凸轮和高副锁紧弹簧：凸轮基圆半径为 18 mm，从动杆的行程为 30 mm。从动件的位移曲线是升—降—升型，且以正弦加速度运动；凸轮与从动件高副的形成是依靠弹簧力的锁合实现的。

零件 2 齿轮：模数为 2，压力角为 20°，齿数为 34 或 42，两齿轮中心距为 76 mm。

零件 3 齿条：模数为 2，压力角为 20°，单根齿条全长为 422 mm。

零件 4 槽轮拨盘：两个主动销。

零件 5 槽轮：四槽。

零件 6 主动轴：动力输入用轴，轴上有平键槽，利用平键可与带轮连接。

零件 7 转动副轴（或滑块）-3：主要用于跨层面（即非相邻平面）的转动副或移动副的形成。

零件 8 扁头轴：又称从动轴，轴上无键槽，主要起支撑及传动的作用。

零件 9 主动滑块插件：与主动滑块座配用，形成主动滑块。

零件 10 主动滑块座：与直线电机齿条固连形成主动构件，且随直线电机齿条做往复直线运动。

零件 11 连杆（或滑块导向杆）：其长槽与滑块形成移动副，其圆孔与轴形成转动副。

零件 12 压紧连杆用特制垫片：固定连杆时使用。

零件 13 转动副轴（或滑块）-2：与固定转轴块（如表 2-2-1 零件 20）配用时，可在连杆长槽的某一选定位置形成转动副。

零件 14 转动副轴（或滑块）-1：用于两构件形成转动副。

零件 15 带垫片螺栓：其规格为 M6，转动副轴与连杆之间构成转动副或移动副时用带垫片螺栓连接。

零件 16 压紧螺栓：其规格为 M6，转动副轴与连杆形成同一构件时用压紧螺栓连接。

零件 17 运动构件层面限位套：用于不同构件运动平面之间的距离限定，避免发生运动构件间的运动干涉。

零件 18 电机带轮、主动轴皮带轮：传递旋转主动运动。

零件 19 盘杆转动轴：盘类零件（如表 2-2-1 中零件 1、2）与其他构件（如连杆）形成转动副时用。

零件 20 固定转轴块：用螺栓（如表 2-2-1 中零件 21）将固定转轴块锁紧在连杆长槽上，13 号件可与该连杆在选定位置形成转动副。

零件 21 加长连杆和固定凸轮弹簧用螺栓、螺母：用于锁紧连接件。

零件 22 曲柄双连杆部件：偏心轮与活动圆环形成转动副，且已制作成一组合件。

零件 23 齿条导向板：将齿条夹紧在两块齿条导向板之间，可保证齿轮与齿条的正常啮合。

零件 24 转动副轴（或滑块）-4：轴的扁头主要用于两构件形成转动副，轴的圆头主要用于两构件形成移动副。

零件 25 至零件 36 参看表 2-2-1 中的说明。

2. 直线电机及行程开关

直线电机（10 mm/s）安装在实验台机架底部，并可沿机架底部的长行槽移动电机。直线电机的长齿条即为机构输入直线运动的主动件。在实验中，允许齿条单方向的最大位移为 300 mm，实验者可根据主动滑块的位移量确定直线电机两行程开关的间距，并且将两行程开关的安装间距限制在 300 mm 内。

3. 直线电机控制器

控制器采用机械与电子组合设计方式，控制电路由低压电子集成电路、微型密封功率继电器与机械行程开关构成，并设计了电机失控自停功能，保证使用的安全性。控制器的前面板由发光二极管（LED）组成，当控制器的前面板与操作者是面对面的位置关系时，前面板上的 LED 指示直线电机齿条的移动方向。控制器前面板上还设置有正向、反向点动开关，当电机失控自停时，可控制电机回到正常位置。控制器的后面板上布置有带保险丝管的电源线插座及与直线电机、行程开关相连的 5 芯和 7 芯插座。

直线电机控制器使用方法如下：

（1）必须在直线电机控制器的外接电源开关关闭状态下，将连接行程开关控制线的 7 芯插头、连接直线电机控制线的 5 芯插头及电源线插头分别接入控制器后面板上，将前面板船形电源开关置于“点动”状态。打开外接电源开关，控制器面板电源指示灯亮。将船形电源开关切换到“连续”状态，直线电机正常运转。

（2）失控自停控制。为防止电机偶尔产生失控现象而被损坏，在控制器中设计了失控自停功能。当电机正常运转失控时，控制器会自动切断电机电源，电机停转。此时应将控制器前面板船形电源开关切换至“点动”状态，按“正向”或“反向”点动按钮，控制装在电机齿条上的滑块座回到二行程开关中间位置。然后将控制器电源开关再切换到“连续”运行状态即可。（注：若电机较热，最好先让电机停转一段时间，稍微冷却后再进入“连续”运行。）

（3）未拼接运动机构前，预设直线电机的工作行程后，请务必调整直线电机行程开关相对电机齿条上滑块座底部的高度，以确保电机齿条上的滑块座能有效碰撞行程开关，使行程开关能灵活动作，从而防止电机直齿条脱离电机主体或断齿，防止所组装的零件被损坏。

（4）若出现行程开关失灵情况，请立即切断直线电机控制器的电源，更换行程开关。

4. 旋转电机

旋转电机（10 r/min）安装在实验台机架底部，并可沿机架底部的长形槽移动，电机电源线接入电源接线盒。

5. 工具

本实验所需的工具：M5、M6、M8 内六角扳手，6 in 或 8 in（1 in＝2.54 mm）活动扳手，1 m 卷尺。

2.2.3　实验原理

任何机构都可以看作是由若干个自由度为零的杆组，依次连接于主动件和机架上组成的，这是本实验的基本原理。

1. 杆组的概念

任何机构都是由机架、主动件和从动件系统，通过运动副连接而成。机构的自由度数应等于主动件数，因此，机构从动件系统的自由度必等于零。而整个从动件系统又往往可以分解为若干个不可再分的、自由度为零的运动链，则称该运动链为杆组。

杆组应满足的条件为

$$F=3n-2P_{\mathrm{L}}=0$$

其中：F 为杆组的自由度；n 为构件数；P_{L} 为低副数。满足上式的构件数和低副数的组合为：$n=2, 4, 6, \cdots$， $P_L=3, 6, 9, \cdots$。

杆组中只有内部的运动副是完全运动副，即有两个运动副元素。而外部运动副（杆组从机构上拆下之前与其他构件连接的运动副）实际上只有一个运动副元素，它需要与其他构件并接才能组成完整的运动副，故称其为并接运动副，计算自由度时将其自由度算在拆下来的杆组上。为了区分并接运动副，将并接转动副用实心圆表示，将并接移动副的导路用虚线表示。

杆组是按其包含最多运动副的闭环来分级的，如表 2-2-2 所示的Ⅱ至Ⅴ级杆组。

表 2-2-2　Ⅱ至Ⅴ级杆组

杆组级别	Ⅱ级杆组	Ⅲ级杆组	Ⅳ级杆组	Ⅴ级杆组
杆组型式				
构件和低副数	$n=2$，$P_L=3$	$n=4$，$P_L=6$	$n=4$，$P_L=6$	$n=6$，$P_L=9$

最简单的杆组为 $n=2$，$P_L=3$，称为Ⅱ级杆组。Ⅱ级杆组应用最多，其次为Ⅲ级杆组，Ⅲ级以上的杆组在实际机构中较为少见。表 2-2-3 列出了常用的几种杆组。

表 2-2-3　常用的几种杆组

杆组级别	杆组型式
Ⅱ级杆组	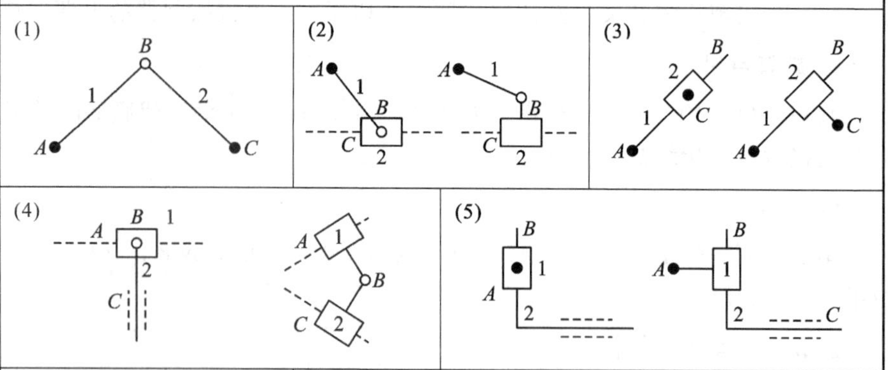
Ⅲ级杆组	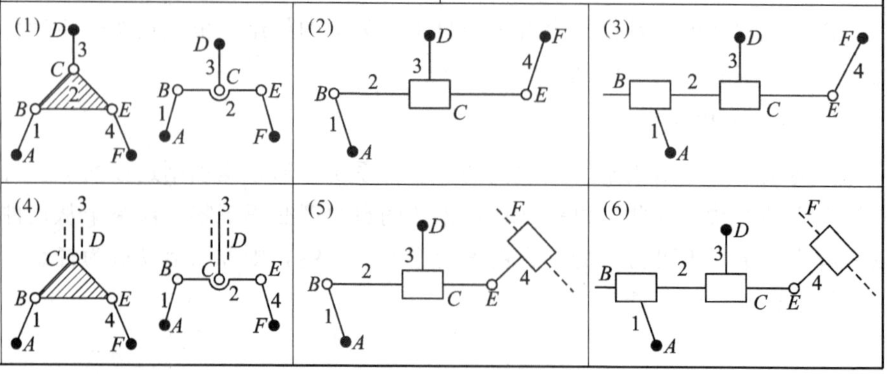

注：1～4 表示杆。

2. 机构组成原理

由于杆组的自由度为零，故将其拼接在机构上或从机构中拆除，对机构的自由度并无任何影响。据此可认为：任何机构都是用杆组依次连接到一个主动件（单自由度机构）或多个主动件（多自由度机构）和机架上构成的，即机构＝主动件＋机架＋杆组。这就是按杆组理论构成机构的方法，即所谓传统的机构组成原理。

对于相同的主动件，当连接不同的杆组时，就可形成各种不同类型的机构。如图 2－2－2 是将表 2－2－3 中所列的五种Ⅱ级杆组连接到主动件和机架上形成的不同机构，分别为铰链四杆机构、曲柄滑块机构、导杆机构、正切机构和正弦机构。需要特别指出的是：杆组中所有的并接运动副不能全部连接在同一构件上，这是因为如此连接后，杆组与被连接构件将形成桁架，而起不到添加杆组的目的。

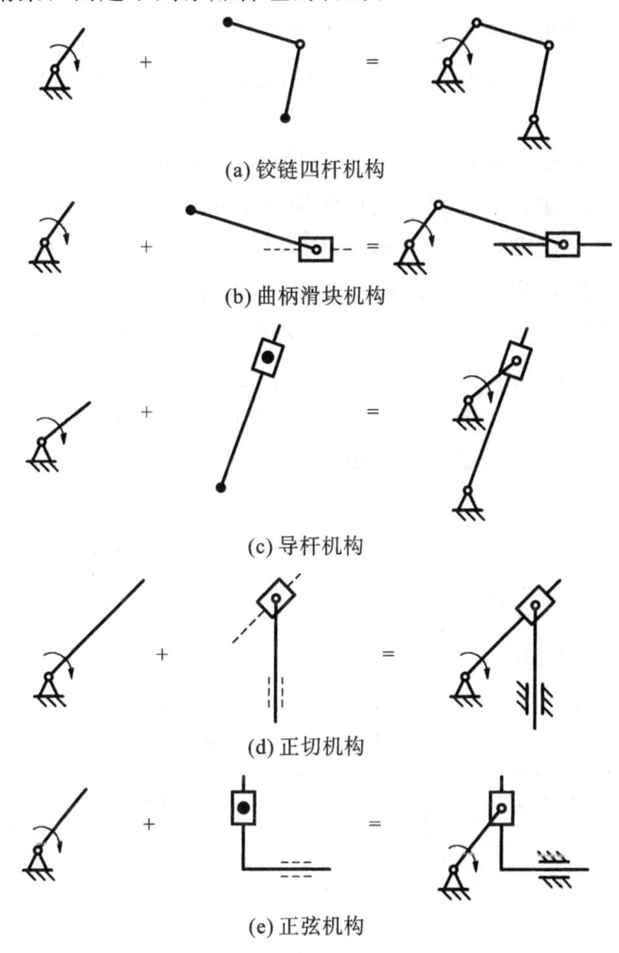

图 2－2－2　Ⅱ级杆组形成的不同机构

3. 机构的结构分析

机构的结构分析过程与机构的组成过程正好相反，结构分析过程是从已知机构中分解出杆组，留下主动件和机架，并确定机构的级别。下面以图 2－2－3 所示机构为例，说明拆分杆组的步骤。

（1）首先除去机构中的虚约束和局部自由度，其次计算机构的自由度，最后按机构具有确定运动的条件给定主动件（与机架相连）。需注意的是主动件的不同选择，有可能导致同一机构拆出不同级别的杆组。若机构中存在高副，则应采用高副低代的方法使其成为低副机构。

在图 2-2-3（a）所示的机构中，除去 K 处的局部自由度，并对凸轮与滚子组成的高副进行低代，如图 2-2-3（b）所示。该机构的自由度 $F=3\times9-2\times13=1$，故可选定一个构件为主动件，现取构件 1 为主动件。

（2）拆分杆组。其方法是从远离主动件处开始试拆，先试拆Ⅱ级杆组，如不能，再试拆Ⅲ级杆组、Ⅳ级杆组等，直到拆出第一个杆组。接着再从剩余机构中试拆第二个杆组、第三个杆组等，方法同上。最后剩下机架和主动件，则拆杆组过程结束。在拆杆组时应随时注意以下两点。

①检查所拆出的杆组是否符合自由度为零的条件，拆出杆组上的运动副用于杆组自由度的计算，判断拆去该杆组后剩余部分是否仍是机构，其自由度与原机构的自由度是否相同。

②检查所拆出部分是否可再拆出自由度为零的运动链。

在图 2-2-3（b）中，从远离主动件的构件 4 处开始试拆杆组，这时无法试拆出Ⅱ级杆组，只能用Ⅲ级杆组试拆，结果拆出由构件 2、3、4、5 及运动副 B、C、D、E、F、G 组成的Ⅲ级杆组。检查剩下部分的自由度 $F=3\times5-2\times7=1$ 与原机构的自由度相等，说明拆分正确。同理，还可拆出构件 6、7 及运动副 H、I、J 和构件 8、10 及运动副 K、L、M 组成的 2 个Ⅱ级杆组，至此拆杆组过程结束。这是因为拆出 1 个Ⅲ级杆组和 2 个Ⅱ级杆组后，留下的只有主动件 1 和机架 9，如图 2-2-3（c）所示。由于最高级别杆组是Ⅲ级杆组，故当构件 1 主动时该机构为Ⅲ级机构。

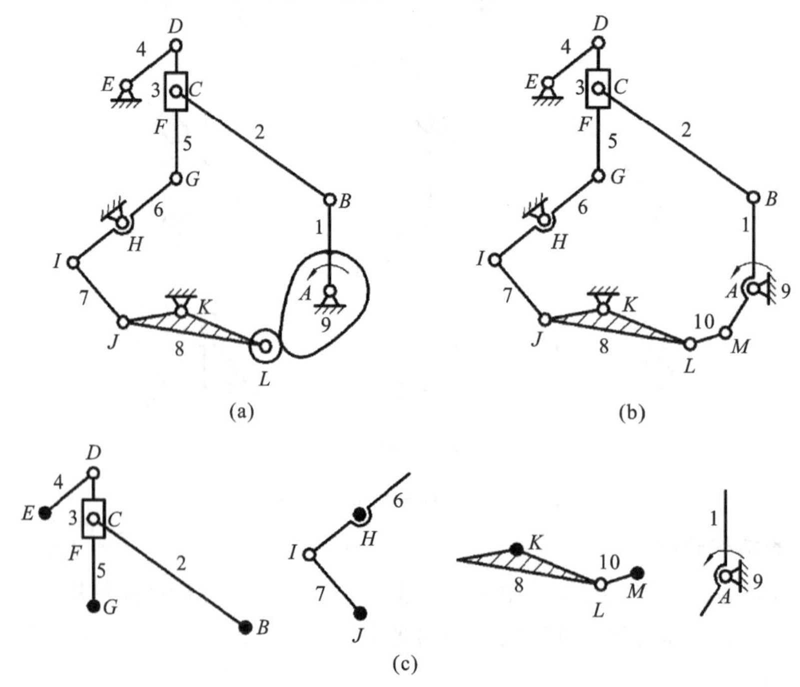

图 2-2-3　杆组拆分示例图

4. 正确拼装杆组

根据拟定或由实验中获得的机构运动学尺寸，利用机构运动方案创新设计实验台提供的零件按机构运动的传递顺序拼接杆组。拼接时，首先要分清机构中各构件所占据的运动平面，其目的是避免各运动构件发生运动干涉。然后，以实验台机架铅垂面为拼接的起始参考面，按预定拼接计划进行拼接。拼接中应注意各构件的运动平面是否相互平行，所拼接机构的外伸运动层面越少，机构运动越平稳。

(1) 实验台机架。

实验台机架中有 5 根铅垂立柱，它们可沿 x 轴方向移动，每根立柱上有 3～4 个滑块，如图 2-2-4 所示。移动时请用双手推动，并尽可能使立柱在移动过程中保持铅垂状态。立柱移动到预定的位置后，将立柱上、下两端的螺栓锁紧（安全注意事项：不允许将立柱上、下两端的螺栓卸下，在移动立柱前只需将螺栓拧松即可）。立柱上的滑块可沿 y 轴方向移动。将滑块移动到预定的位置后，用螺栓将滑块紧定在立柱上。按上述方法即可在 xOy 平面内确定活动构件相对机架的连接位置。面对操作者的机架铅垂面称为拼接起始参考面。

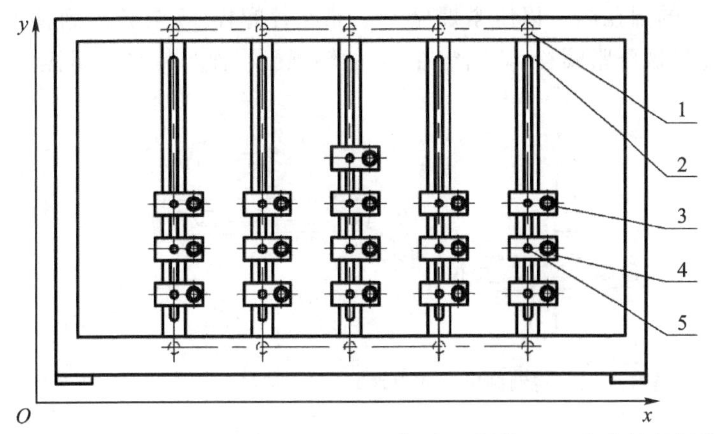

1—立柱锁紧螺栓；2—立柱；3—滑块铜套；4—滑块；5—滑块锁紧螺栓。

图 2-2-4　实验台机架

(2) 轴相对机架的拼接（见图 2-2-5，图中的编号与表 2-2-1 中零件序号相同）。

有螺纹端的轴颈可以插入滑块 28 上的铜套孔内，通过平垫片、防脱螺母的连接与机架形成转动副或与机架固定。若按图 2-2-5 拼接，轴 6 或 8 相对机架固定；若不使用平垫片，则轴 6 或 8 相对机架做旋转运动。拼接者可根据需要确定是否使用平垫片。

轴 6 主要作主动轴，轴 8 为扁头轴主要作与机架连接的从动轴。轴 6 与轴 8 主要用于与其他构件形成移动副或转动副，轴 6 还可将盘类构件固定在轴颈上。

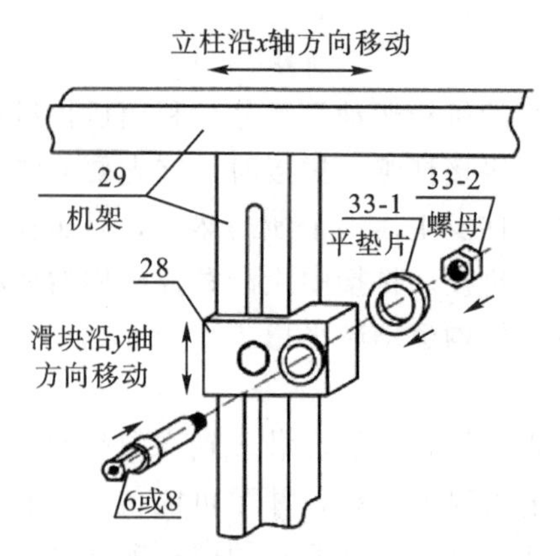

6，8—轴；28—滑块；29—机架；33-1—平垫片；33-2—防脱螺母。

图 2-2-5　轴相对机架的拼接

(3) 转动副的拼接。

若两连杆间形成转动副，可按图 2-2-6 所示方式拼接。其中，14 的扁平轴颈可分别插入两连杆 11 的圆孔内，以压紧螺栓 16、带垫片螺栓 15 与转动副轴 14 端面上的螺孔连接。这样，连杆被压紧螺栓 16 固定在 14 的轴颈上，而与带垫片螺栓 15 相连接的 14 相对另一连杆转动。

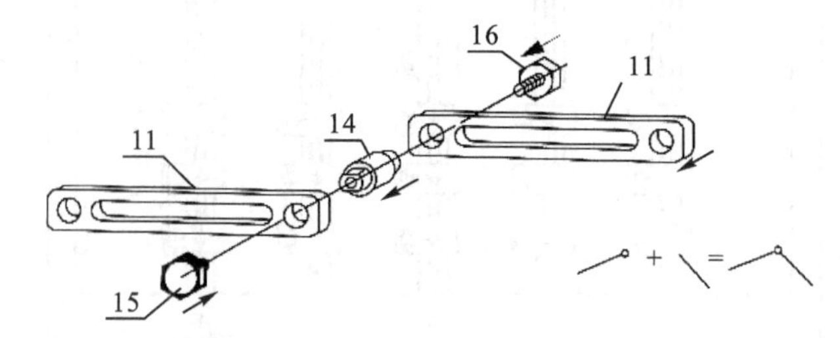

11—连杆；14—转动副轴（或滑块）；15—带垫片螺栓；16—压紧螺栓。

图 2-2-6　转动副的拼接

提示：根据实际拼接的需要，14 可用转动副轴（或滑块）7 代替，由于 7 的轴颈较长，此时需选用相应的运动构件层面限位套 17 对构件的运动层面进行限位。

(4) 移动副的拼接。

如图 2-2-7 所示，转动副轴 24 的圆轴颈端插入连杆 11 的长槽中，通过带垫片的螺栓 15 的连接，转动副轴 24 可与连杆 11 形成移动副。

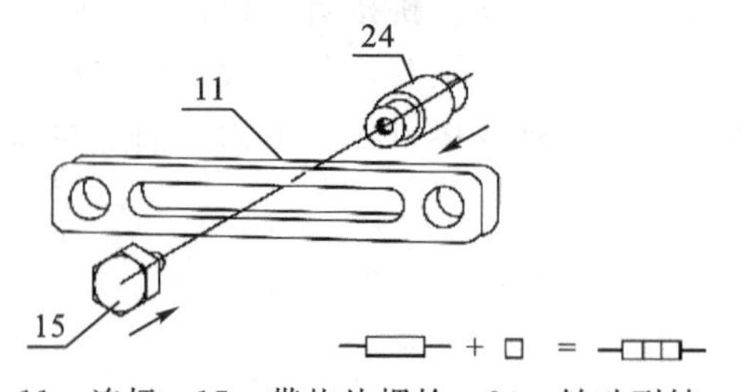

11—连杆；15—带垫片螺栓；24—转动副轴。

图 2-2-7　移动副的拼接（一）

提示：转动副轴 24 的另一扁平轴颈可与其他构件形成转动副或移动副。根据实际拼接的需要，也可选用组件 7 或 14 代替组件 24 作为滑块。

另一种形成移动副的拼接方式如图 2-2-8 所示。选用两根轴（6 或 8），将轴固定在机架上，然后再将连杆 11 的长槽插入两轴的扁平颈端，旋入带垫片螺栓 15，则连杆在两轴的支撑下相对机架做往复移动。

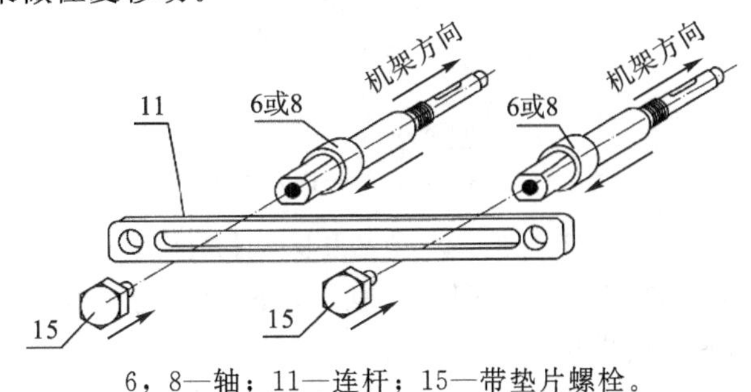

6，8—轴；11—连杆；15—带垫片螺栓。

图 2-2-8　移动副的拼接（二）

提示：根据实际拼接的需要，若选用的轴颈较长，此时需选用相应的运动构件层面限位套 17 对构件的运动层面进行限位。

（5）滑块与连杆组成转动副和移动副的拼接。

如图 2-2-9 所示的拼接效果是滑块 13 的扁平轴颈处与连杆 11 形成移动副。首先用螺栓螺母 21 将固定转轴块 20 锁定在连杆 11 的侧面，再将转动副轴 13 的圆轴颈插入 20 的圆孔及连杆 11 的长槽中，用带垫片的螺栓 15 旋入 13 的圆轴颈端的螺孔中，这样 13 与 11 形成转动副。将 13 的扁头轴颈插入另一连杆的长槽中，将 15 旋入 13 的扁平轴端螺孔中，这样 13 与另一连杆 11 形成移动副。

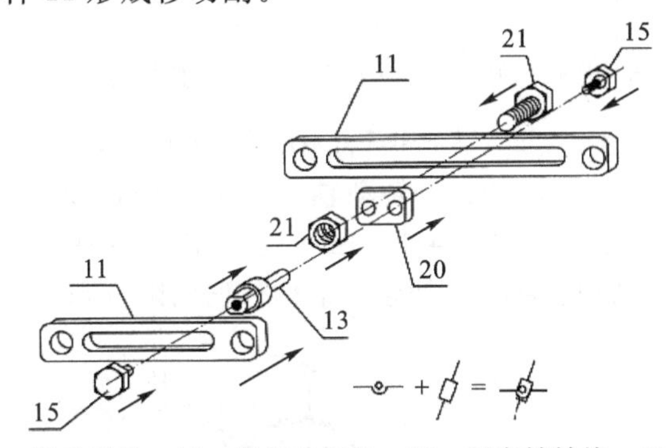

11—连杆；13—转动副轴；15—带垫片螺栓；20—固定转轴块；21—螺栓、螺母。

图 2-2-9　滑块与连杆组成转动副和移动副的拼接

（6）齿轮与轴的拼接。

如图 2-2-10 所示，齿轮 2 装入轴 6 或轴 8 时，应紧靠轴（或运动构件层面限位套 17）的根部。按图示连接好后，用内六角紧定螺钉 27 将齿轮固定在轴上（注意：螺钉应压紧在轴的平面上）。这样，齿轮与轴形成一个构件。

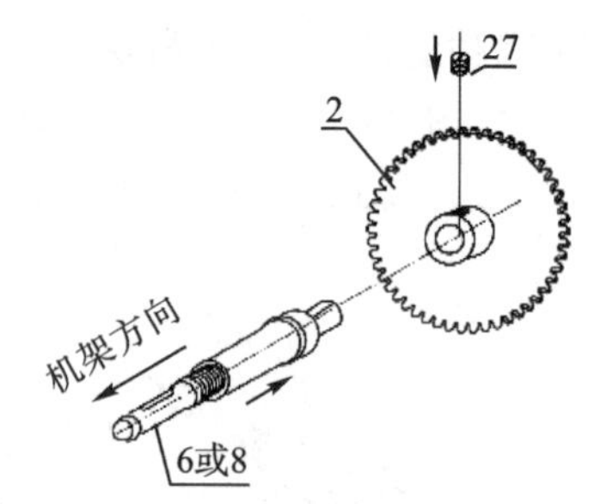

2—齿轮；6，8—轴；27—内六角紧定螺钉。

图 2-2-10　齿轮与轴的拼接图

若不用内六角紧定螺钉 27 将齿轮固定在轴上，欲使齿轮相对轴转动，则选用带垫片螺栓 15 旋入轴端面的螺孔内即可。

如图 2-2-11 所示拼接，连杆 11 与齿轮 2 形成转动副。视所选用盘杆转动轴 19 的轴颈长度不同，决定是否需用运动构件层面限位套 17。

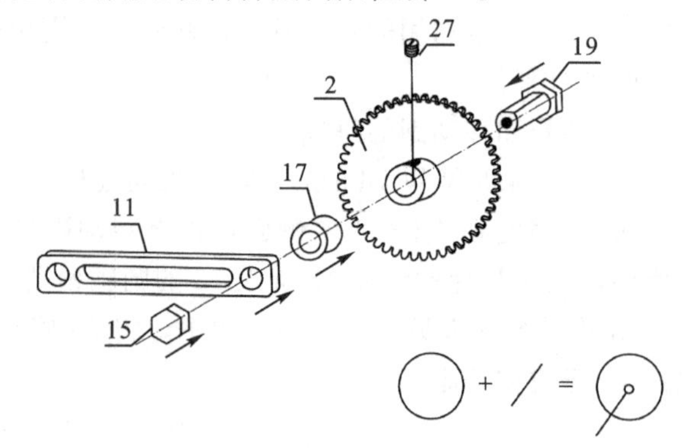

2—齿轮；11—连杆；15—带垫片螺栓；17—限位套；19—盘杆转动轴；27—内六角紧定螺钉。

图 2-2-11　齿轮与连杆形成转动副的拼接（一）

若选用轴颈长度 $L=35$ mm 的盘杆转动轴 19，则可组成双联齿轮，并与连杆形成转动副，如图 2-2-12 所示。若选用 $L=45$ mm 的盘杆转动轴 19，同样可以组成双联齿轮，与前者不同的是要在盘杆转动轴 19 上加装运动构件层面限位套 17。

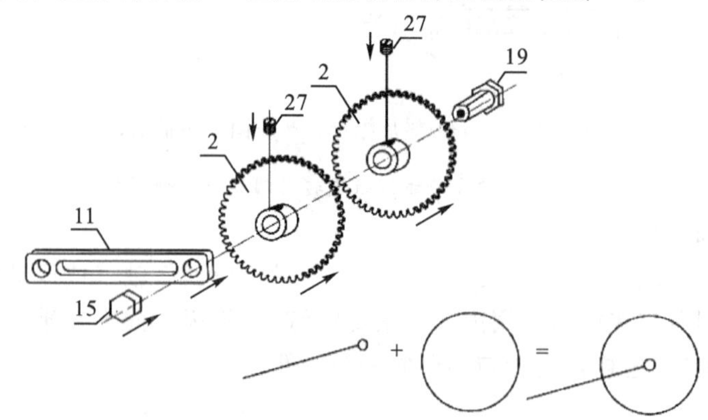

2—齿轮；11—连杆；15—带垫片螺栓；19—盘杆转动轴；27—内六角紧定螺钉。

图 2-2-12　齿轮与连杆形成转动副的拼接（二）

（7）齿条护板与齿条、齿条与齿轮的拼接。

当齿轮相对齿条啮合时，若不使用齿条导向板，则齿轮在运动时会脱离齿条。为避免此种情况发生，在拼接齿轮与齿条啮合运动方案时，需选用两根齿条导向板 23 和螺栓、螺母 21 按图 2－2－13 所示方法进行拼接。

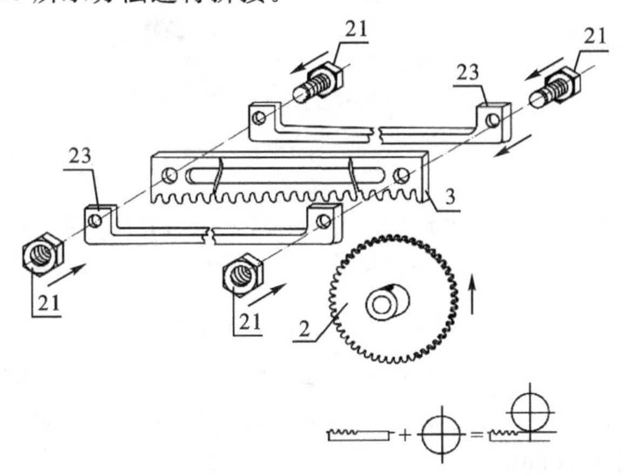

2—齿轮；3—齿条；21—螺栓、螺母；23—齿条导向板。

图 2－2－13　齿轮护板与齿条、齿条与齿轮的拼接

（8）凸轮与轴的拼接。

按图 2－2－14 所示拼接好后，凸轮 1 与轴 6 或 8 形成一个构件。

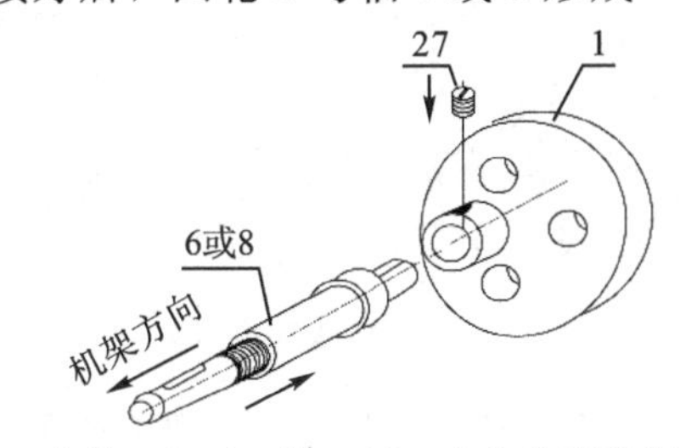

1—凸轮；6，8—轴；27—内六角紧定螺钉。

图 2－2－14　凸轮与轴的拼接

若不用内六角紧定螺钉 27 将凸轮固定在轴上，而选用带垫片螺栓 15 旋入轴端面的螺孔内，则凸轮相对轴转动。

（9）凸轮高副的拼接。

如图 2－2－15 所示，首先将轴 6 或 8 与机架相连，然后分别将凸轮 1、从动件连杆 11 拼接到相应的轴上。用内六角螺钉 27 将凸轮紧定在轴 6 上，凸轮 1 与轴 6 同步转动；将带垫片螺栓 15 旋入轴 8 端面的内螺孔中，连杆 11 相对轴 8 做往复移动。高副锁紧弹簧的小耳环用零件 21 固定在从动杆连杆上，大耳环安装方式可根据拼接情况自定。

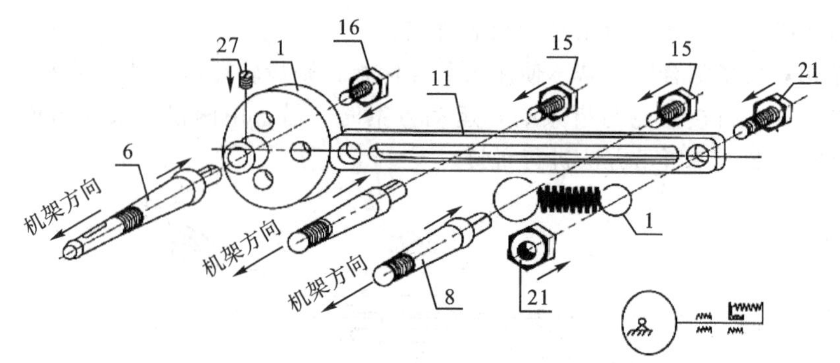

1—凸轮及高副锁紧弹簧；6，8—轴；11—连杆；15—带垫片螺栓；
16—压紧螺栓；21—固定凸轮弹簧用螺栓、螺母；27—内六角紧定螺钉。

图 2-2-15 凸轮高副的拼接

提示：用于支撑连杆的两轴间距离应与连杆的移动距离（凸轮的最大升程为 30 mm）相匹配。欲使凸轮相对轴的安装更牢固，还可在轴端的内螺孔中加装压紧螺栓 16。

（10）曲柄双连杆部件的使用。

如图 2-2-16 所示，曲柄双连杆部件 22 是由一个偏心轮和一个活动圆环组合而成。在拼接类似蒸汽机机构运动方案时，需要用到曲柄双连杆部件，否则会产生运动干涉。欲将一根连杆与偏心轮形成同一构件，可将该连杆与偏心轮固定在同一根轴 6 或 8 上。

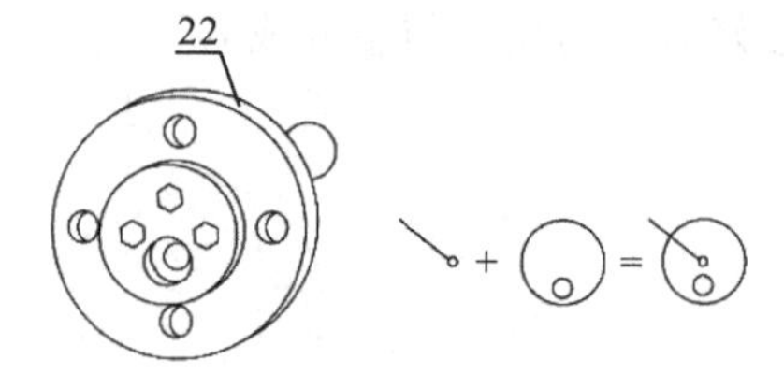

22—曲柄双连杆部件。

图 2-2-16 曲柄双连杆部件的使用

（11）槽轮副的拼接。

图 2-2-17 为槽轮副的拼接示意图。通过调整两轴 6（或 8）的间距使槽轮的运动传递灵活。

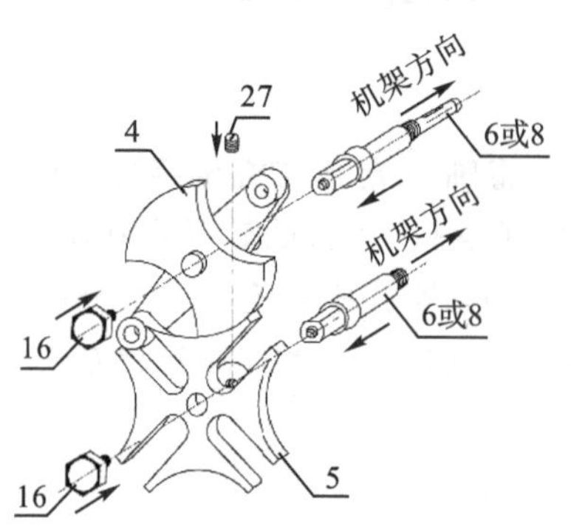

4—槽轮拨盘；5—槽轮；6，8—轴；16—压紧螺栓；27—内六角紧定螺钉。

图 2-2-17 槽轮副的拼接

提示：为使盘类零件相对轴固定得更牢靠，除使用内六角螺钉 27 紧固外，还可以加用压紧螺栓 16。

(12) 滑块导向杆相对机架的拼接。

如图 2-2-18 所示，将轴 6 或 8 插入滑块 28 的轴孔中，用平垫片、防脱螺母 33 将轴 6 或 8 固定在机架 29 上，并使轴颈平面平行于直线电机齿条的运动平面；将滑块导向杆 11 通过压紧螺栓 16 固定在 6 或 8 轴颈上。这样，滑块导向杆 11 与机架 29 成为一个构件。

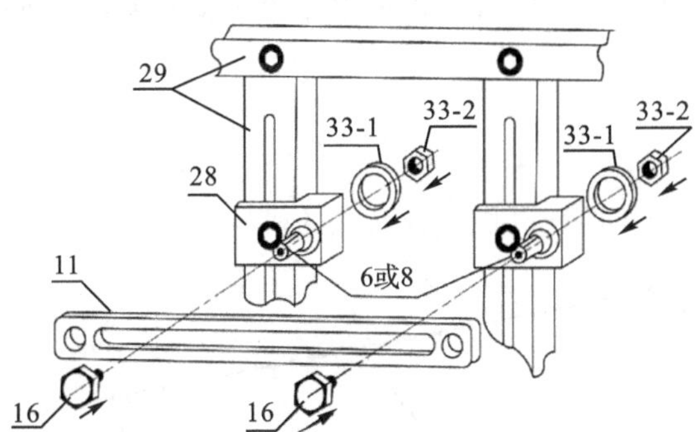

6，8—轴；11—连杆；16—压紧螺栓；28—滑块；29—机架；33-1—平垫片；33-2—防脱螺母。

图 2-2-18　滑块导向杆相对机架的拼接

(13) 主动滑块与直线电机齿条的拼接。

输入主动运动为直线运动的构件被称为主动滑块。主动滑块相对直线电机的安装如图 2-2-19 所示。首先将主动滑块座 10 套在直线电机的齿条上，再将主动滑块插件 9 上铣有一个平面的轴颈插入主动滑块座 10 的内孔中，铣有两平面的轴颈插入起支撑作用的连杆 11 的长槽中（这样可使主动滑块不做悬臂运动）。然后，将主动滑块座调整至水平状态，直至主动滑块插件 9 相对连杆 11 的长槽能做灵活的往复直线运动为止，此时用内六角螺钉 26 将主动滑块座固定。起支撑作用的连杆 11 固定在机架 29 上的拼接方法参看图 2-2-18。最后，根据外接构件的运动层面需要调节主动滑块插件 9 的外伸长度，并用内六角紧定螺钉 27 将主动滑块插件 9 固定在主动滑块座 10 上。

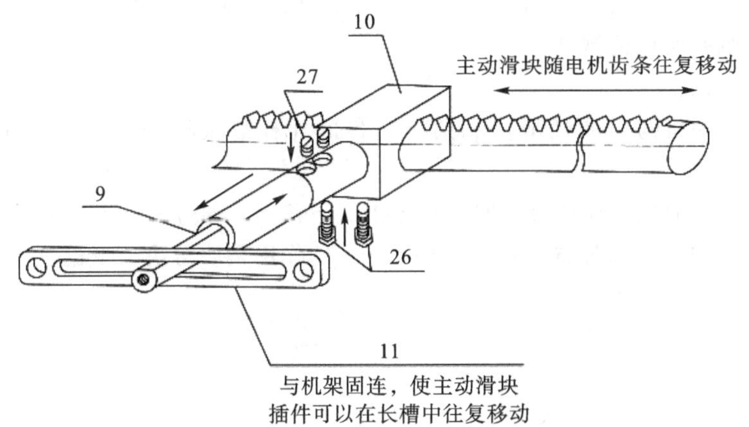

9—主动滑块插件；10—主动滑块座；11—连杆；26—内六角螺钉；27—内六角紧定螺钉。

图 2-2-19　主动滑块与直线电机齿条的拼接

提示：图 2-2-19 所接的部分仅为某一机构的主动运动，后续拼接的构件还将占用空间，因此，在拼接图示部分时尽量减少占用空间，以方便往后的拼接。具体做法是将图示拼接部分尽量靠近机架的最左侧或最右侧。

2.2.4 实验任务

（1）根据指导教师命题设计机构创新方案，画出机构运动简图，在机构运动方案创新设计实验台上进行拼接、运行，满足机构设计要求。

（2）从下列运用于工程机械的各种机构中选择拼接方案，根据机构运动简图，完成机构拼接。

拼接案例如下。

①蒸汽机机构。

机构组成：曲柄滑块与摇杆滑块组合而成的机构，如图 2-2-20 所示。

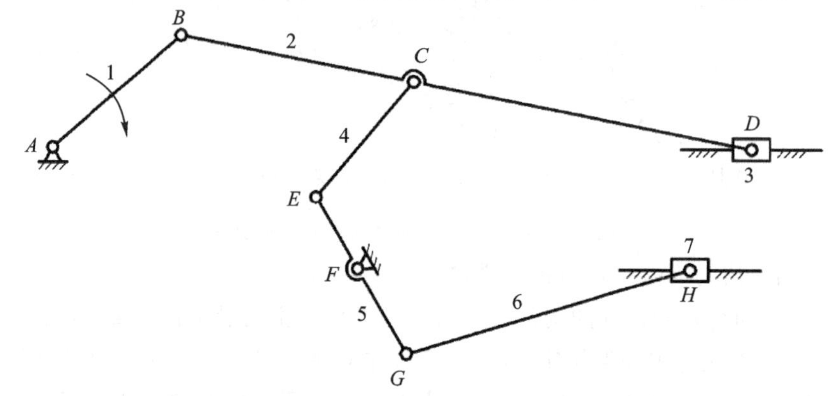

1—曲柄；2，6—连杆；3，7—滑块；4，5—摇杆。

图 2-2-20 蒸汽机机构

工作特点：当曲柄 1 连续转动时，滑块 3 做往复直线运动，同时摇杆 5 做往复摆动带动滑块 7 做往复直线运动。

该机构用于蒸汽机中，滑块 3 在高压气体作用下做往复直线运动（故滑块 3 为实际的主动件），带动曲柄 1 回转并使滑块 7 往复运动，从而使高压气体通过不同的路径进入滑块 3 的左、右端并实现进排气。

②精压机机构。

机构组成：该机构由曲柄滑块和两个对称的摇杆滑块机构所组成，如图 2-2-21 所示。

工作特点：当曲柄 1 连续转动时，杆 3 上、下移动，通过杆 4→5→6 使滑块 7 上、下移动，完成物料的压紧。对称部分 8→9→10→7 的作用是使滑块 7 平稳下压，使物料受载均衡。

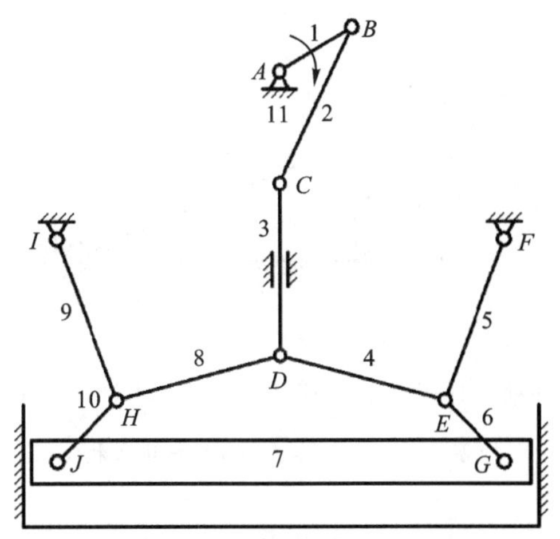

1—曲柄；2，4，6，8，10—连杆；3—推杆；5，9—摇杆；7—滑块；11—机架。

图 2-2-21　精压机机构

③齿轮-曲柄摇杆机构。

机构组成：该机构由曲柄摇杆机构和齿轮机构组成，如图 2-2-22 所示，其中齿轮 5 与连杆 2 形成刚性联接。

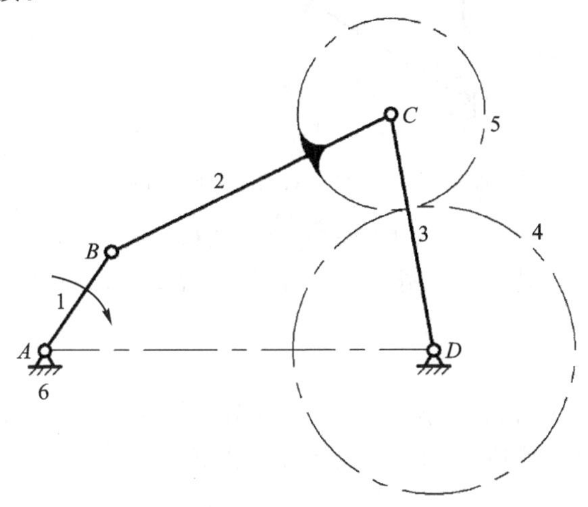

1—曲柄；2—连杆；3—摇杆；4，5—齿轮；6—机架。

图 2-2-22　齿轮-曲柄摇杆机构

工作特点：当曲柄 1 回转时，连杆 2 驱动摇杆 3 摆动，从而通过齿轮 5 与齿轮 4 的啮合驱动齿轮 4 回转。摇杆 3 往复摆动，实现了齿轮 4 的往复回转。

④齿轮-曲柄摇块机构。

机构组成：该机构由齿轮机构 4、5、6 和曲柄摇块机构 1、2、3、6 组成，如图 2-2-23 所示。其中齿轮 5 和杆 1 可相对转动，齿轮 4 则装在铰链 *B* 点并与导杆 2 固联。

工作特点：杆 1 做圆周运动，为曲柄，通过导杆使摇块摆动从而改变导杆的姿态使齿轮 4 带动齿轮 5 做相对曲柄的同向回转与逆向回转。

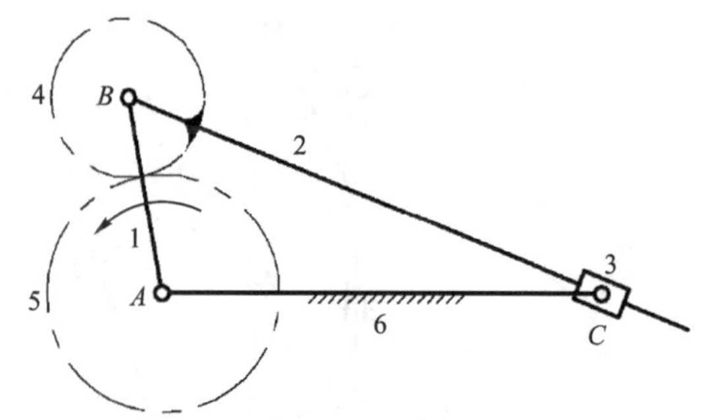

1—曲柄；2—导杆；3—滑块；4，5—齿轮；6—机架。

图 2-2-23 齿轮-曲柄摇块机构

⑤双滑块机构。

机构组成：该机构由 1、2、3、4、5 组成，如图 2-2-24 所示，分析运动时可看成由曲柄滑块机构 $A-B-C$ 构成，从而将滑块 4 视作虚约束。

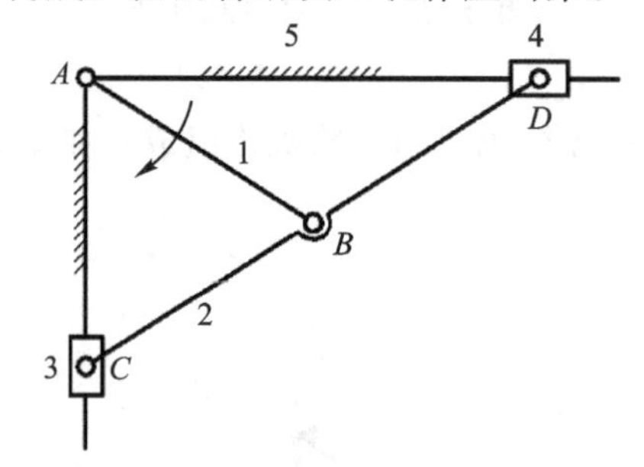

1—曲柄；2—连杆；3，4—滑块；5—机架。

图 2-2-24 双滑块机构

工作特点：当曲柄 1 转动时，滑块 3、4 均做直线运动，同时，连杆 2 上任意点的轨迹为一椭圆。

⑥冲压机构。

机构组成：该机构由齿轮机构与对称配置的两套曲柄滑块机构组合而成，如图 2-2-25 所示，杆 AD 与齿轮 1 固联，杆 BC 与齿轮 2 固联。

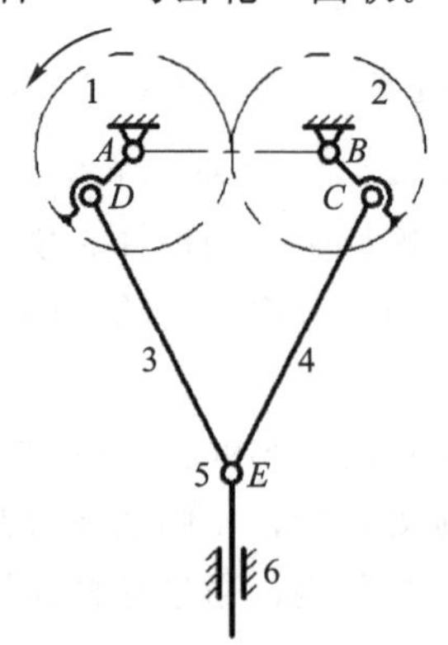

1，2—齿轮；3，4—连杆；5—从动件；6—机架。

图 2-2-25 冲压机构

工作特点：齿轮 1 匀速转动，带动齿轮 2 回转，从而通过连杆 3、4 驱动构件 5 做往复直线运动完成预定功能。

该机构可拆去从动件 5，而 E 点运动轨迹不变，故该机构可用于因受空间限制无法安置滑槽但又须获得直线进给的自动机械中，且对称布置的曲柄滑块机构可使滑块获得较好的受力状态。

⑦筛料机构。

机构组成：该机构由双曲柄机构和曲柄滑块机构组成，如图 2-2-26 所示。

工作特点：曲柄 1 匀速转动，通过连杆 2 使摇杆 3 做变速转动，从而使滑块 5 获得较大的加速度，以提高生产率，完成筛料工作。

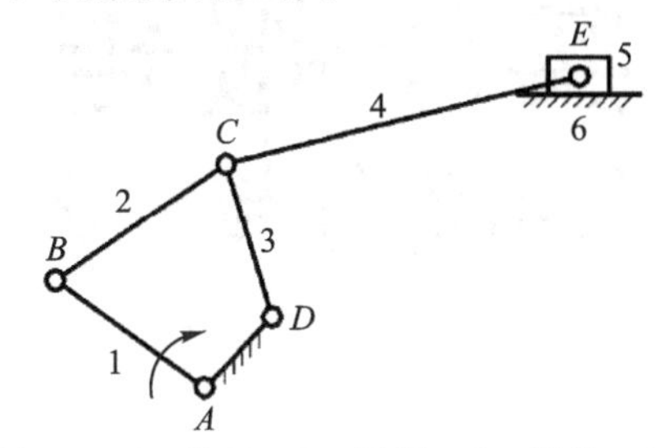

1—曲柄；2，4—连杆；3—摇杆；5—滑块；6—机架。

图 2-2-26　筛料机构

2.2.5　实验步骤

(1) 熟悉实验设备的零件组成及功能。

(2) 自行设计机构运动方案或选择本书中提供的机构运动方案作为实验内容。

(3) 在零件柜中选取所需零部件。

(4) 在实验台上进行机构的拼接，并记录实测得到的机构运动尺寸。

(5) 手动运转无误后启动电机，观察机构运动情况。

(6) 实验完毕，整理实验设备。

2.2.6　实验报告

实验报告包含机构运动简图，计算机构自由度，并分析机构的运动学特性。实验报告格式见附录 2-2-1。

2.2.7　评价标准

实验评分标准见表 2-2-4。

表 2-2-4　实验评分标准

实验名称	优秀 (90≤X<100)	良好 (80≤X<90)	中等 (70≤X<80)	及格 (60≤X<70)	不及格 (X<60)
机构创新设计与拼接实验	根据分析结果提出较好的机构型式，完成机构拼接，实验结果与理论结果的比较研究正确	根据分析结果提出有变化的机构型式，完成机构拼接，实验结果与理论结果的比较研究基本正确	根据分析结果提出不同的机构型式，基本完成机构拼接，能对实验结果与理论结果作比较研究	根据分析结果提出机构型式，基本完成机构拼接，能对实验结果与理论结果作比较研究	机构设计无创意，机构的拼接无法完成，没有实验结果与理论结果的比较研究

注：X 表示学生实验成绩。

附录 2-2-1

实验报告

机构创新设计与拼接实验

姓　名：__________

班　级：__________

学　号：__________

组　员：__________

成　绩：__________

一、实验目的

二、实验设备

三、实验内容

机构名称：__________________

1. 画出实际拼接的机构运动简图，并在简图中标注实测得到的机构运动尺寸。

机构运动简图：

2. 计算机构自由度。

3. 分析机构的运动学特性。

通过观察机构的运动，对其运动学特性作出定性分析。一般包括如下几个方面：

(1) 平面机构中是否存在曲柄；

(2) 输出件是否具有急回特性；

(3) 机构的运动是否连续；

(4) 最小传动角（或最大压力角）是否在非工作行程中。

4. 附上拼接图片。

2.3 渐开线齿轮展成实验

2.3.1 实验目的

（1）观察渐开线齿廓的形成过程，掌握用展成法切削加工渐开线齿廓的基本原理。

（2）了解渐开线齿轮产生根切现象的原因及避免根切的方法。

（3）分析、比较标准齿轮和变位齿轮的异同点。

2.3.2 实验设备

（1）齿轮展成仪。

（2）自备工具：圆规、三角尺、绘图纸、剪刀、铅笔。

2.3.3 实验原理

展成法是利用一对齿轮（或齿轮齿条）互相啮合时，其共轭齿廓互为包络的原理来加工齿廓的方法。

虽然在齿轮实际加工过程中，看不到轮齿齿廓渐开线的形成过程，但是可以借助齿轮展成仪来表现轮坯与刀具之间的相对运动。在加工时将一轮（齿条）视为刀具，另一轮视为待加工的轮坯。刀具刃廓为渐开线齿轮（齿条）的齿形，它与被切削齿轮坯的相对运动，完全与相互啮合的一对齿轮（或齿条与齿轮）的啮合传动一样，这样切制得到的轮齿齿廓就是刀具的刃廓在各个位置的包络线。

本实验模拟的是用齿条插刀展成法加工渐开线齿轮的过程，用铅笔将刀具相对轮坯的各个位置记录在图纸上，这样就能清楚地观察到渐开线齿廓的展成过程和最终加工出的完整齿形。

1. 齿轮展成仪的结构

齿轮展成仪的结构如图 2-3-1 所示。圆盘 1 代表齿轮加工机床的回转工作台，实验时，将代表被加工齿轮轮坯的圆形图纸用压板 2 和压板盖 3 固定在 1 上。齿条溜板 6 装在机架 8 的滑槽中，且可沿水平方向移动，并通过与齿轮 4 的啮合传动，使得轮坯分度圆沿齿条刀具 5 的节线做纯滚动。当齿条刀具的中线正好与轮坯的分度圆相切时，切出的齿轮是标准齿轮。通过旋动螺母 7，可以改变齿条刀具相对轮坯中心的位置，用于加工变位齿轮。刀具向外或向内移动 x 乘 m 的距离（x 为变位系数，m 为齿轮模数），此时刀具中线与轮坯分度圆相离或相割，这样切出的齿轮就是正变位齿轮或负变位齿轮。

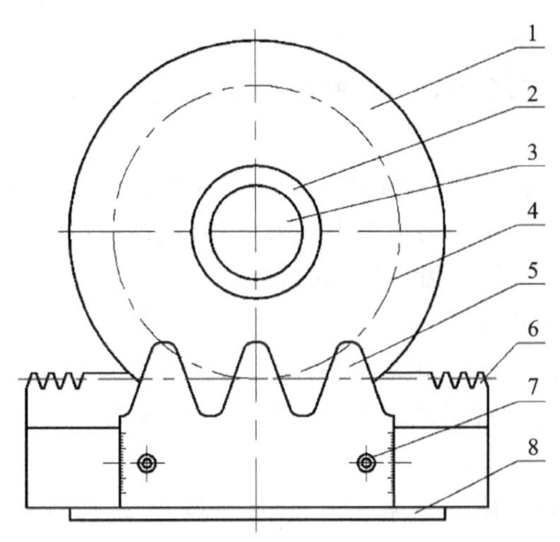

1—圆盘；2—压板；3—压板盖；4—齿轮；5—齿条刀具；6—齿条溜板；7—螺母；8—机架。

图 2-3-1 齿轮展成仪

2. 相关参数

齿条刀具的相关参数如下：

(1) 模数 $m=20$ mm（用于切制齿数 $z=10$ 的齿轮），压力角 $\alpha=20°$，齿顶高系数 $h_a^*=1.0$，顶隙系数 $c^*=0.25$；

(2) 模数 $m=10$ mm（用于切制齿数 $z=20$ 的齿轮），压力角 $\alpha=20°$，齿顶高系数 $h_a^*=1.0$，顶隙系数 $c^*=0.25$。

2.3.4　实验任务

完成切制 $m=20$ mm，$z=10$ 的标准、正变位和负变位渐开线齿廓，三种齿廓每种都须画出两个完整的齿形，再比较这三种齿廓的异同点。

2.3.5　实验步骤

(1) 根据齿条刀具的模数 m 和被加工齿轮的齿数 z，计算出分度圆直径，以及标准齿轮和正、负变位齿轮的基圆、齿根圆及齿顶圆直径，将计算结果填在实验报告的表中。将圆形图纸等分成三个扇形区，分别表示待加工的标准齿轮和正、负变位齿轮，并将上述计算尺寸在三个区域内画出，如图 2-3-2 所示。

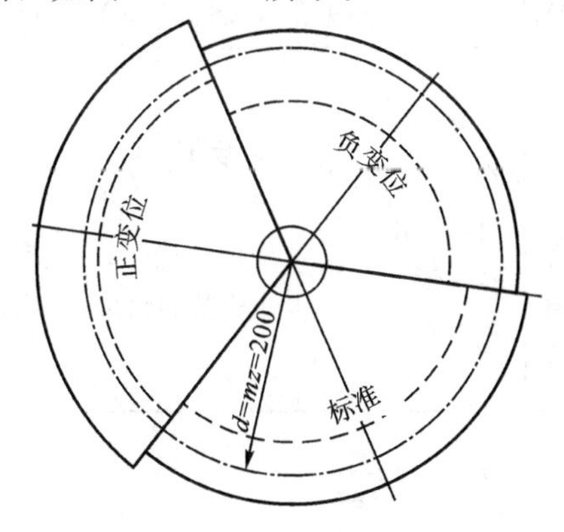

图 2-3-2　代表轮坯的圆形图纸（单位：mm）

（2）绘制标准齿轮齿廓。

①将圆形图纸固定在圆盘上，对准中心，调整齿条插刀位置，使其中线与轮坯分度圆相切。

②开始切制齿轮时，将刀具推到最左边，然后每当把齿条溜板向右推动一小段距离时，在代表轮坯的图纸上，用铅笔描下刀具刀刃的位置，直到形成2～3个完整的齿形为止。在此阶段应注意观察轮坯上齿廓形成的过程。

（3）绘制正变位齿轮齿廓。

使刀具离开轮坯中心，移动距离xm(mm)($x > x_{min}$，x_{min}为最小变位系数)，绘出2～3个完整的齿形，观察齿廓形状，看齿顶有无变尖现象。

（4）绘制负变位齿轮齿廓。

使刀具接近轮坯中心，移动距离xm(mm)，绘出2～3个完整的齿形，观察齿廓形状，看有无根切现象。

（5）观察所得的标准齿形和正、负变位齿形的区别。

实验要求及注意事项：

（1）课前复习展成法加工齿轮的原理、渐开线齿轮的根切及变位齿轮的有关内容。

（2）到实验室后，根据展成仪的实际尺寸，剪出两个圆形图纸。

（3）选定相应的齿条刀具。调节刀具位置，使刀具中线与被加工齿轮分度圆相切，此时切制的齿轮是标准齿轮。切制变位齿轮时要重新调整刀具位置。

（4）切制齿廓的同时应注意齿廓的形成过程，并观察是否存在根切现象。

2.3.6 实验报告

实验报告要求有齿轮相关参数的计算，并将描绘出的齿形附在实验报告中。报告格式见附录2-3-1。

2.3.7 评价标准

实验评分标准见表2-3-1。

表2-3-1 实验评分标准

实验名称	优秀 (90≤X<100)	良好 (80≤X<90)	中等 (70≤X<80)	及格 (60≤X<70)	不及格 (X<60)
渐开线齿轮展成实验	参数计算正确，变位正确，绘出完整的轮齿，轮齿光滑，图面整洁	参数计算正确，变位正确，绘出完整的轮齿，轮齿基本光滑	参数计算正确，至少一个变位正确，绘出完整的轮齿	参数计算有误，或者正负变位皆错，图面潦草	参数计算错误，未能画出任意一种轮齿，图面极端潦草

注：X表示学生实验成绩。

附录 2－3－1

实验报告

渐开线齿轮展成实验

姓　名：＿＿＿＿＿＿＿＿

班　级：＿＿＿＿＿＿＿＿

学　号：＿＿＿＿＿＿＿＿

组　员：＿＿＿＿＿＿＿＿

成　绩：＿＿＿＿＿＿＿＿

一、实验数据

1. 刀具参数。

$m=$__________，$\alpha=$__________，$h_a^*=$__________，$c^*=$__________。

2. 齿轮尺寸计算比较表。

最小变位系数 $x_{\min}=\dfrac{h_a^*(z_{\min}-z)}{z_{\min}}=$__________。

正变位系数 $x_1=$__________，负变位系数 $x_2=$__________。

参　数	计算公式	计算结果			结果比较	
		标准齿轮	正变位齿轮	负变位齿轮	正变位齿轮	负变位齿轮
分度圆直径 d						
基圆直径 d_b						
齿顶圆直径 d_a						
齿根圆直径 d_f						
齿距 P						
分度圆齿厚 s						
分度圆齿槽宽 e						
齿全高 h						
齿根高 h_f						
齿顶高 h_a						

注：结果比较栏中，计算结果比标准齿大的填入“+”号，小的填入“-”号，一样大小的填入“○”号。

二、齿廓图

附上所描绘的齿廓图，并注明尺寸。

(将所描绘的齿廓图粘贴在此处)

三、思考题

1. 用展成法加工齿轮时齿廓曲线是如何形成的?

2. 比较标准齿轮、正变位齿轮、负变位齿轮的齿形有什么不同，并分析其原因。

3. 通过实验说明你所观察到的根切现象的特点。简述产生根切现象的原因是什么，避免出现根切现象的方法有哪些。

2.4 带传动实验

2.4.1 实验目的

本实验通过对带传动效率的测量，了解机械量的电测方法，间接观察带传动中的弹性滑动现象，获得对带传动的机理及效率概念更深入的认识。研究张紧力、皮带转速等因素对平皮带传动性能的影响，比较平皮带、V 带传动性能的特点。

2.4.2 实验设备

本实验所用实验设备为 DCS－Ⅱ型带传动实验台，如图 2－4－1 所示。

图 2－4－1 **DCS－Ⅱ带传动实验台**

2.4.3 实验原理

1. 实验系统的组成

如图 2－4－2 所示，实验系统主要包括以下部分：

（1）带传动实验台；

（2）主、从动轮转矩传感器；

（3）主、从动轮转速传感器；

（4）电测箱（与带传动实验台合为一体）；

（5）个人计算机；

（6）打印机。

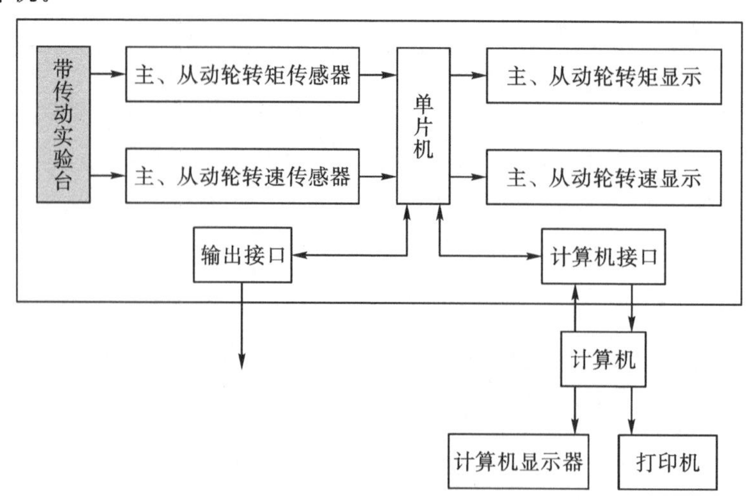

图 2－4－2 实验系统组成框图

2. 主要技术参数

主动电机调速范围：0～1500 r/min。

带轮直径：$D_1=D_2=87$ mm（平带、V 带、同步带）。

包角：$a_1=a_2=180°$。

拉力传感器量程：0～100 N；精度：0.05%。

电机额定功率：$P=80$ W×2。

电机额定转矩：$T=0.79$ N·m。

电源：220V 交流/50Hz。

外形尺寸：660 mm×300 mm×380 mm。

质量：50 kg。

3. 实验台结构特点

(1) 机械结构。

本实验台主要由两台直流电机组成，如图 2-4-3 所示。其中一台作为原动机（主动电动机），另一台则作为负载的发电机。

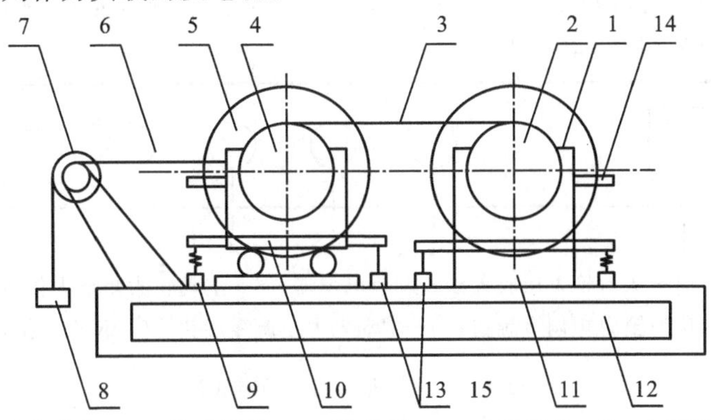

1—从动直流发电机；2—从动带轮；3—传动带；4—主动带轮；5—主动直流电动机；
6—牵引绳；7—差动滑轮；8—砝码；9—拉簧；10—浮动支座；
11—固定支座；12—电测箱；13—拉力传感器；14—标定杆。

图 2-4-3　实验台机械结构

对原动机，由可控硅整流装置供给电动机电枢不同的端电压，实现无级调速。

对从动发电机，每按一下“加载”按键，即并上一个负载电阻，使发电机负载逐步增加，电枢电流增大，随之电磁转矩也增大，即发电机的负载转矩增大，实现了负载的改变。

两台电机均为悬挂支承，当传递载荷时，作用于电机定子上的力矩 T_1（主动电动机力矩）、T_2（从动发电机力矩）迫使拉钩作用于拉力传感器，传感器输出的电信号正比于 T_1、T_2 的原始信号。

原动机的机座设计成浮动结构（滚动滑槽），与牵引绳、差动滑轮、砝码一起组成带传动初拉力形成机构，改变砝码大小，即可调整带传动的初拉力 F_0。

两台电机的转速传感器（红外光电传感器）分别安装在带轮背后的环形槽（图 2-4-3 未标识）中，由此可获得必需的转速信号。

（2）电测系统。

电测系统装在实验台电测箱内，如图 2-4-1 所示。单片机承担数据采集、数据处理、信息记忆、自动显示等功能。能实时显示带传动过程中主动轮转速、转矩和从动轮的转速、转矩。如通过计算机接口外接计算机，这时就可自动显示并打印输出带传动的滑动率 $\varepsilon-T_2$ 曲线、传递效率 $\eta-T_2$ 曲线及相关数据。

电测箱操作部分主要集中在箱体正面的面板上，面板的布置如图 2-4-4 所示。

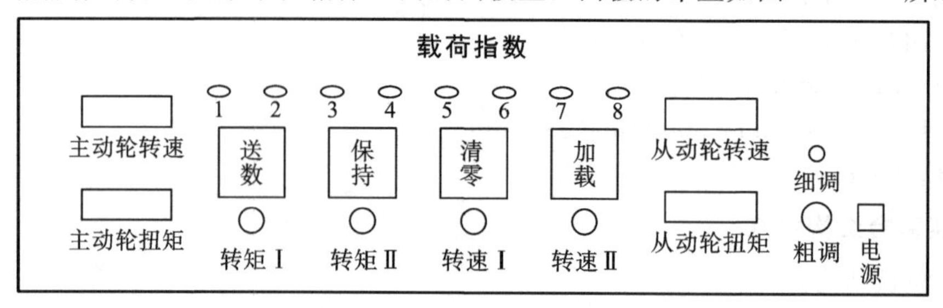

图 2-4-4　电测箱面板布置图

在电测箱背面备有微机 RS232 接口，主、从动轮力矩放大倍数调节电位器，调零旋钮等，其布置情况如图 2-4-5 所示。

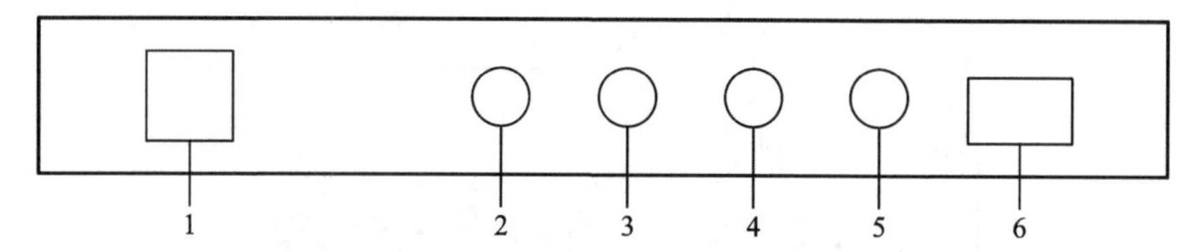

1—电源插座；2—从动轮力矩放大倍数调节电位器；3—主动轮力矩放大倍数调节电位器；4—从动轮力矩调零旋钮；5—主动轮力矩调零旋钮；6—RS232 接口。

图 2-4-5　电测箱背面布置图

4. 转速测量

转速测量采用光电对管。图 2-4-6 为光电对管结构示意图，其上有两个元件：红外发光管和光敏二极管。使用时测速盘放于两元件间，当测速盘上的槽对准元件时，红外发光管发出的光照射到光敏二极管上，光敏二极管受到照射产生脉冲，并将脉冲送入记数电路中进行记数。当测速盘上刻有 60 道槽，记数时间为 1 s 时，测出的数字就为每分钟的转数。

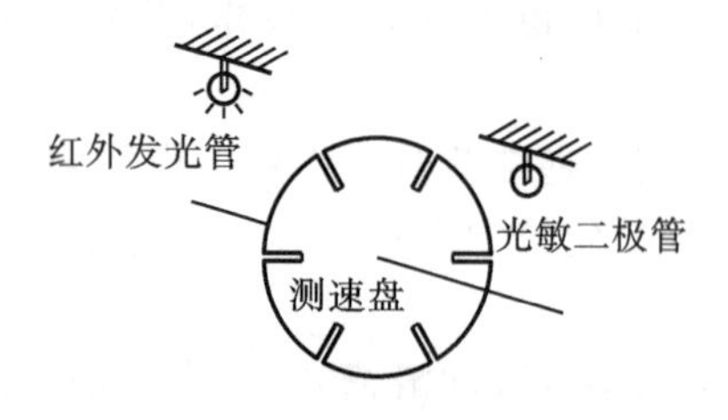

图 2-4-6　转速传感器测量原理图

两台电机的转速，分别由安装在实验台两电机带轮背后环形槽中的红外光电传感器测出。带轮上开有光栅槽，由光电传感器将其角位移信号转换为电脉冲输入单片机中计数，计算得到两电机的动态转速值，并由实验台上的 LED 显示器显示，也可通过计算机接口送往计算机进一步处理（见图 2-4-7）。

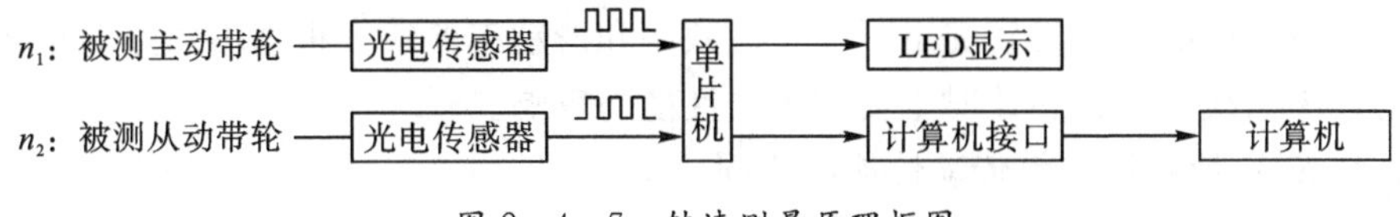

图 2-4-7　转速测量原理框图

5. 转矩测量

力矩属于机械量，也称为非电量，可通过传感器将非电量转换成电量进行测量。传感器的分类方法有两种，一种是按被测的机械量分，另一种是按传感器的工作原理分。按被测量分，使用目的比较明确；按工作原理分，仪器性能比较明确。本实验中转矩的测量采用电阻应变式传感器，其原理如下：测试时将应变片牢固地粘贴在试件表面上，当试件受力产生应变时，应变片的电阻丝也随着变形，因而导致电阻的变化，该变化可通过测量电路测出。通常测量电路采用惠斯通电桥，将电阻的变化转变为电压的变化进行测量。

实验台上的两台电机均设计为悬挂支承，当传递载荷时，传动力矩分别通过固定在电机定子外壳上的杠杆受到转子力矩的反方向力矩测得。该转矩通过杠杆及拉钩作用于拉力传感器上而产生支座反力，使定子处于平衡状态。由此得到以下结论：

主动轮上的转矩　　　$T_1 = L_1 \cdot F_1 (\mathrm{N \cdot m})$

从动轮上的转矩　　　$T_2 = L_2 \cdot F_2 (\mathrm{N \cdot m})$

式中，F_1、F_2 为传感器测量的拉力；L_1、L_2 为电机中心到传感器的距离。

6. 加载的原理

本实验台由两台直流电机组成，左边一台是直流电动机，产生主动转矩，通过皮带，带动右边的直流发电机。直流发电机通过面板的“加载”按键控制电子开关，逐级接通并联的负载电阻，如图 2-4-8 所示，使发电机的输出功率逐级增加，即改变了皮带传送的功率大小，使主动直流电动机的负载功率逐级增加。

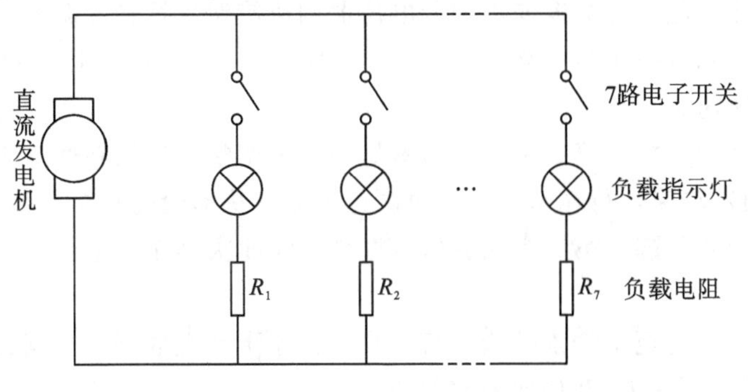

图 2-4-8　直流发电机加载示意图

7. 电机的调速

主动电机的直流电源由可控硅整流装置供给，转动电位器可改变可控硅控制角，提供给主动电机电枢不同的端电压，以实现无级调节电机转速。本实验台中设计了粗调和细调两个电位器，可精确地调节主动电机的转速。

2.4.4　实验任务

（1）测量不同张紧力下平皮带的效率和滑动率曲线，根据不同张紧力下的效率和滑动率曲线，研究张紧力对平皮带传动性能的影响。

（2）测量不同的主动轮转速下平皮带的效率和滑动率曲线，根据不同主动轮转速下的效率和滑动率曲线，研究转速对平皮带传动性能的影响。

（3）比较 V 带和平皮带传动性能的不同。

（4）测量同步带传动的效率和滑动率曲线，并分析同步带传动性能的特点。

2.4.5 实验步骤

1. 人工记录操作方法

（1）设置初拉力。

不同型号传动带需在不同初拉力 F_0 的条件下进行实验，也可对同一型号传动带，采用不同的初拉力，实验不同初拉力对传动性能的影响。改变初拉力 F_0，只需改变砝码的大小。

（2）接通电源。

在接通电源前将粗调电位器的电机调速旋钮逆时针转到底，使开关“断开”，细调电位器电机调速旋钮逆时针旋到底，按电源开关接通电源，再按一下“清零”键，此时主、从动电机转速显示为“0”，力矩显示为“.”，实验系统处于“自动校零”状态。校零结束后，力矩显示为“0”。

接着将粗调电位器调速旋钮顺时针旋转接通“开关”并慢慢向高速方向旋转，电机启动，逐渐增速，同时观察实验台面板上主动轮转速显示屏上的转速数，其上的数字即为当时的电机转速。当主动电机转速达到预定转速（本实验建议预定转速为 1200～1300 r/min）时，停止调节转速。此时从动电机转速也将稳定地显示在显示屏上。

（3）加载。

在空载时，记录主、从动轮转矩与转速。按“加载”键一次，第一个加载指示灯亮，调整主动电机转速，此时，只需使用细调电位器调速旋钮进行转速调节使其保持在预定工作转速内，待显示基本稳定（一般 LED 显示器跳动 2～3 次即可达到稳定值），记录主、从动轮的转矩及转速。

再按“加载”键一次，第二个加载指示灯亮，再调整主动轮转速（用细调电位器调速旋钮），仍保持预定转速，待显示稳定后再次记录主、从动轮的转矩及转速。

第三次按“加载”键，第三个加载指示灯亮，同前次操作，记录主、从动轮的转矩和转速。

重复上述操作，直至 7 个加载指示灯点亮，记录下 8 组数据。根据这 8 组数据便可作出带传动滑动率曲线 $\varepsilon-T_2$ 及传递效率曲线 $\eta-T_2$。

在记录下各组数据后，应先将粗调电位器调速旋钮逆时针转至“关断”状态，然后将细调电位器调速旋钮逆时针转到底，再按“清零”键。显示指示灯全部熄灭，机器处于关断状态，等待下次实验或关闭电源。

为便于记录数据，在实验台的面板上设置了“保持”键，每次加载数据基本稳定后，按“保持”键可使转矩、转速稳定在当时的显示值不变。按任意键可脱离“保持”状态。

（4）实验中应注意避免发生的问题。

①加初拉力时务必使用差动滑轮，若未使用差动滑轮，将使初拉力不足，严重影响实

验结果。

②砝码的实际重量需根据砝码上标注的两个数字进行计算。

③打开电源后需清零，按清零按钮的时候电机转速必须为零。

④勿忘测量空载时的数据。

⑤主动电机的转速始终保持在 1200 r/min。

2. 计算机接口操作方法

(1) 带传动实验台数据采集与分析系统软件。

如图 2-4-9 所示，带传动实验台数据采集与分析系统软件界面由标题栏、菜单栏、采集数据显示区、计算结果显示区、曲线显示区、误差分析结果显示区、剩余标准差 S 相关指数 $R \times R$ 结果显示区 7 部分组成。软件的功能可通过点击菜单栏的菜单项完成，菜单栏包括串口选择、数据采集、采用模拟数据、数据分析、数据拟合、打印、帮助、退出等选项，下面分别对每一项菜单功能进行说明。

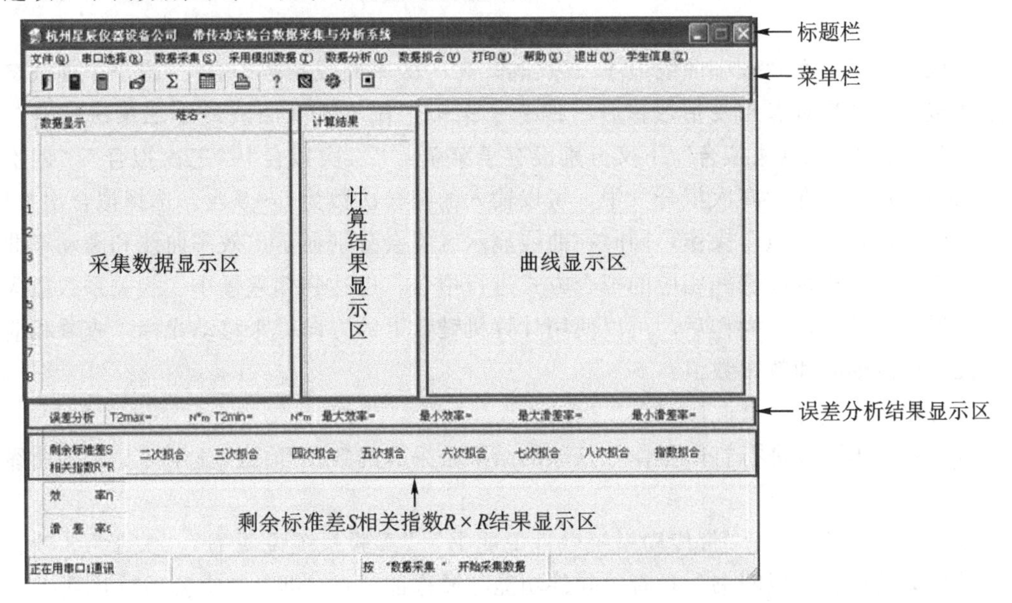

图 2-4-9　带传动实验台数据采集与分析系统软件界面

①串口选择。

串口 1：在进行数据采集之前，用户可根据实际硬件的拼接情况选择串口，其中串口 1 在本软件指定的位置为 3F8H（十六进制）。

串口 2：同串口 1 的菜单说明，只不过串口 2 在本软件中指定的位置为 2F8H（十六进制）。

②数据采集。

在进行串口选择操作后，即可进行数据采集操作，在正确执行数据采集操作后，在采集数据显示区可以看到所采集的数据，包括主动轮转速 n_1(r/min)、从动轮转速 n_2(r/min)、主动轮转矩 T_1(N·m)、从动轮转矩 T_2(N·m)。如果在采集过程中出现采集不到数据，或者采集数据有错误，请重复数据采集这一操作，或者重新进行串口选择操作。

有关数据采集实验台的使用说明，请参看“帮助”下拉菜单的“实验系统说明书”中实验操作部分。

③采用模拟数据。

设置该项功能的目的在于如果现场没有带传动实验台，无法进行现场采集操作，那么就可以点击该菜单，系统将自动采用软件出厂时所采集的一组数据，在采集数据显示区可以看到所采用的模拟数据。用该组数据，用户可以进行数据分析、数据拟合、打印等一系列操作，即可以在无实验台的情况下进行软件演示。

④数据分析。

数据分析的功能：根据采集的主动轮转速 n_1、从动轮转速 n_2、主动轮转矩 T_1、从动轮转矩 T_2 进行效率 η 、滑动率 ε 的计算，并在曲线显示区显示 $\eta-T_2$ 曲线、$\varepsilon-T_2$ 曲线。如果没有进行数据采集操作或采用模拟数据操作，系统会提示要求进行数据采集操作，没有采集的数据系统将不会进行数据分析操作。

⑤数据拟合。

在该菜单下，有“效率曲线最小二乘法拟合”“效率曲线指数拟合”“滑动率曲线最小二乘法拟合”“滑动率曲线指数拟合”四个子菜单，在“效率曲线最小二乘法拟合”和“滑动率曲线最小二乘法拟合”下又分别设有子菜单：“二次拟合”“三次拟合”“四次拟合”“高次拟合”。在“高次拟合”中，可以输入的拟合次数为 5～8 次。选择拟合次数后，系统将会进行相应的拟合操作，同时在曲线显示区将会分别显示出效率曲线和滑动率曲线的拟合效果，用户可以选择相应的拟合方式进行拟合，以达到偏差最小、相关系数最大的拟合效果。在进行拟合操作后，可以使用计算机键盘上的方向键来移动光标，查看相应横坐标位置的滑动率和效率数值。

⑥打印。

点击该菜单可以进行打印操作，打印的结果是采集的数据和曲线显示区显示的曲线。

⑦帮助。

该菜单下有子菜单：“带传动系统软件说明书”“实验系统说明书”“关于”3 项。其中“带传动系统软件说明书”是有关软件功能与操作的一些说明，“实验系统说明书”是带传动实验台的使用说明书，“关于”里是软件的版本信息。

⑧退出。

点击该菜单可以退出本系统。

（2）连接 RS232 通信线。

在 DCS－Ⅱ型带传动实验台后面板上设有 RS232 串行接口，可通过所附的通信线直接和计算机相连，组成带传动实验系统。如果采用多机通信转换器，则需要首先将多机通信转换器通过 RS232 通信线连接到计算机，然后用双端插头电话线，将 DCS－Ⅱ型带传动实验台连接到多机通信转换器的任一个输入口。

（3）启动机械教学综合实验系统。

如图 2－4－10 所示，启动机械教学综合实验系统。如果用户使用多机通信转换器，应根据用户计算机与多机通信转换器的串行接口通道，在程序界面的右上角串口选择框中选择合适的通道串口（COM1 或 COM2）。

图 2-4-10　机械教学综合实验系统软件初始界面

根据带传动实验台在多机通信转换器上所接的通道口，点击“重新配置”键，选该通道口的应用程序为带传动实验系统应用程序。配置结束后，在主界面左边的实验项目框中，点击该通道“带传动”键，此时，多机通信转换器的相应通道指示灯应该点亮，带传动实验系统应用程序将自动启动，如图 2-4-11 所示。如果多机通信转换器的相应通道指示灯不亮，检查多机通信转换器与计算机的通信线是否连接正确，确认通信的通道与键入的通信串口（COM1 或 COM2）是否一致。点击图 2-4-10 中“带传动”的键，将出现如图 2-4-9 所示的带传动实验系统界面。点击菜单栏中的“串口选择”命令，正确选择串口（COM1 或 COM2），点击“数据采集”命令，等待数据输入。

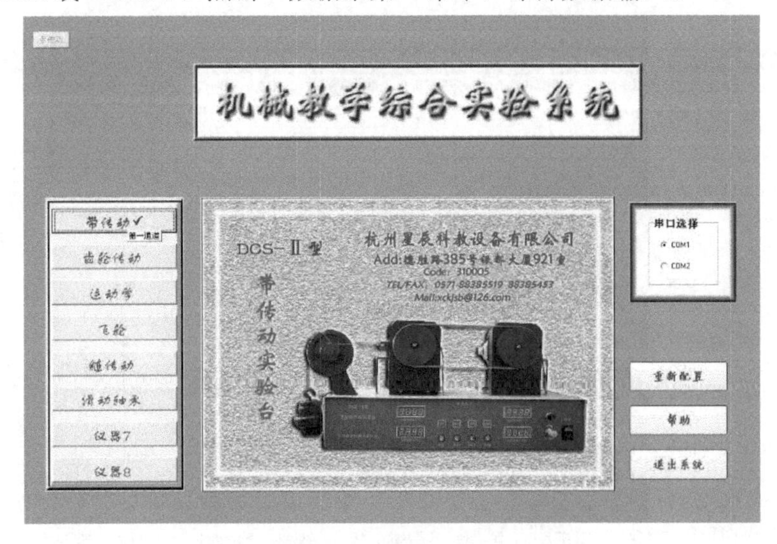

图 2-4-11 带传动实验系统初始界面

如果用户选择的是带传动实验台与计算机直接连接，则在图 2-4-10 主界面右上角串口选择框中选择相应串口（COM1 或 COM2）。在主界面左边的实验项目框中点击“带传动”键，进入带传动实验系统初始界面，如图 2-4-11 所示。点击图 2-4-11 中带传动的图片，将出现如图 2-4-9 所示的带传动实验系统界面。点击菜单栏中的“串口选择”

命令，正确选择串口（COM1 或 COM2），点击“数据采集”命令，等待数据输入。

（4）数据采集及分析。

①将实验台粗调电位器调速旋钮逆时针转到底，使开关断开，细调电位器调速旋钮也逆时针转到底。打开电源，按“清零”键，几秒钟后，数码管显示“0”，自动校零完成。

②顺时针转动粗调电位器调速旋钮，开关接通并使主动轮转速稳定在工作转速（一般取 1200～1300 r/min），按下“加载”键再调整主动转速（用细调电位器），使其仍保持在工作转速范围内，待转速稳定（一般需 2～3 个显示周期）后，再按“加载”键，如此往复，直至面板上的 8 个发光管指示灯全亮。此时，实验台面板上四组数码管将全部显示“8888”，按“送数”键，将所采数据送至计算机。

③当实验台全部显示“8888”时，计算机将显示所采集的全部 8 组主、从动轮的转速和转矩。此时应将粗、细调电位器调速旋钮逆时针转到底，使“开关”断开。

④移动鼠标，选择“数据分析”功能，计算机将显示本次实验的曲线和数据，如图 2-4-12 所示。

⑤如果在此次采集过程中采集的数据有问题，或者采不到数据，请点击串口选择下拉菜单，选择较高级的机型，或者选择另一串口。

⑥移动鼠标至“打印”菜单项，打印机将打印实验曲线和采集的数据。

⑦实验过程中如需调出本次数据，只需用鼠标点击“数据采集”菜单项，然后按下实验台上的“送数”键，数据即被送至计算机，可用上述④至⑥项操作进行显示和打印。

⑧一次实验结束后如需继续实验，应“关断”粗调电位器调速旋钮，将细调电位器调速旋钮逆时针转到底，并按下实验台的“清零”键，进行“自动校零”。同时点击“数据采集”菜单项，重复上述②至⑥项操作即可。

⑨实验结束后，将实验台调速电位器开关断开，关闭实验台的电源，用鼠标点击系统“退出”。

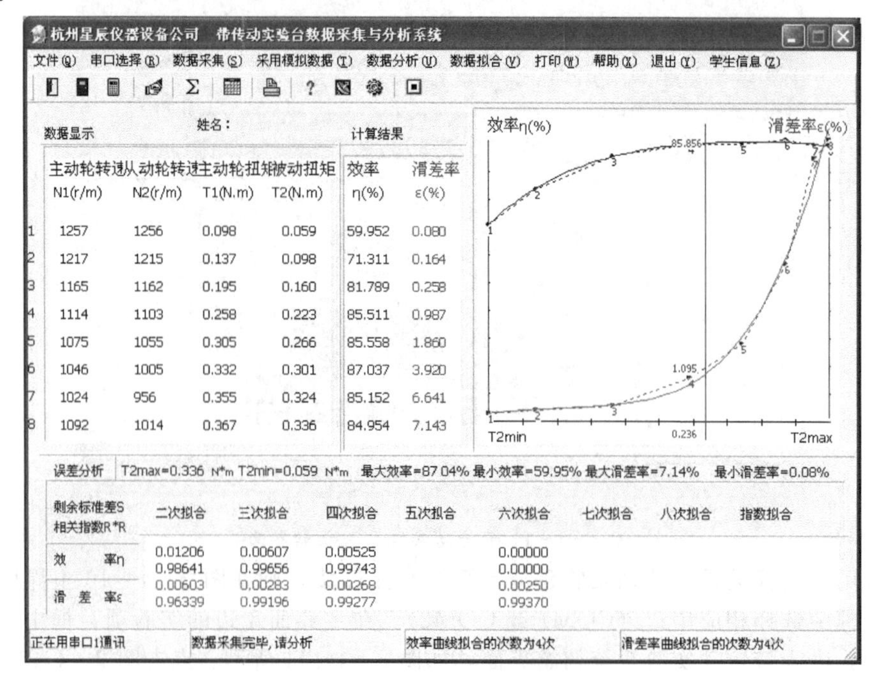

图 2-4-12　实验曲线、数据显示界面

3. 校零与标定

（1）校零。

为提高实验系统的实验准确度和稳定性，以及方便实验操作，本实验台具有“自动校零”功能，能清除系统零点漂移带来的实验误差。操作者在平时的实验过程中，无需进行手动校零操作。若因种种原因而使系统零点产生较大偏移时，可按下述方法进行手动校正。

①接通实验台电源。

②松开实验台背面调零电位器的锁紧螺母，同时将万用表接入实验台面板上的主、从动轮转矩输出端。调整调零电位器，使得输出电压在 1 V 左右。

③调零结束后，再锁紧调零电位器的锁紧螺母即可。

（2）标定。

为提高实验数据的精度及可靠性，实验台在出厂时都是经过标定的，标定方法如下。

①接通实验台电源，使实验台进入“自动校零”状态（方法同前），然后调节电位器调速旋钮，使电机稳定在某一低速状态（一般可取 $n=300$ r/min 左右）。按“加载”键一次，第一个加载指示灯亮，实验台进入“标定”状态。

②记录下“标定”状态时主、从动电机转矩的显示值 $T_{1.0}$ 和 $T_{2.0}$。选定某一重量的标准砝码，挂在实验台的标定杆上（标定时临时安装）。调节力矩放大倍数调节电位器，使得转矩显示值 T_i 符合下式：

$$T_i = m \cdot L \cdot g + T_{i.0}(\mathrm{N \cdot m})$$

式中：m 为砝码质量，kg；L 为砝码悬挂点到电机中心距离，m；g 为重力加速度，$\mathrm{m/s^2}$；$T_{i.0}$ 为挂砝码前的转矩显示值，N·m。例如：$m=0.4$ kg，$L=0.10$ m，$T_{i.0}=0.06$ N·m，则 $T_i=0.452$ N·m。

标定结束后，应锁紧力矩放大倍数调节电位器的锁紧螺母。

注意：由于实验台在出厂时都做过“校零”与“标定”工作，并将调节电位器锁紧，所以使用者在一般情况下不要随意进行校准以免影响实验结果。

2.4.6　实验报告

1. 预习报告

（1）请回答皮带是如何进行传动的，弹性滑动指的是什么，打滑又是什么，如何区分这两个概念，区分它们的原则是什么。

（2）你知道传感器的作用是什么吗，你了解几种将机械量转化为电量的传感器，你知道其转化原理吗？

（3）如果让你准备一套带传动效率测试系统，你知道需要哪些设备吗？

（4）你是否了解皮带传动的弹性滑动曲线，皮带传动的弹性滑动曲线应该是什么形状？

以上这些问题你了解多少？如果有不太清楚的地方，请查阅教科书及相关资料。

2. 实验报告格式

本实验报告格式见附录 2-4-1。

2.4.7 评价标准

本实验评分标准见表 2－4－1。

表 2－4－1 实验评分标准

实验名称	优秀 (90≤X<100)	良好 (80≤X<90)	中等 (70≤X<80)	及格 (60≤X<70)	不及格 (X<60)
带传动实验	实验结果：包括初拉力很小、较小、一般、很大4种情况下的至少3种，实验思路清晰； 实验报告：效率、滑动率计算公式正确，效率、滑动率曲线绘制正确，实验结果分析基本正确，简答题答对3道题以上	实验结果：包括初拉力很小、较小、一般、很大4种情况下的至少3种； 实验报告：效率、滑动率曲线绘制正确，实验结果分析基本正确，简答题答对2道题以上	实验结果：包括初拉力很小、较小、一般、很大4种情况下的至少2种； 实验报告：效率、滑动率曲线绘制正确，实验结果分析基本正确，简答题答对1道题以上	实验结果：包括初拉力很小、较小、一般、很大4种情况下的至少1种； 实验报告：效率、滑动率曲线绘制错误，实验结果分析存在严重错误	实验结果：没有得到初拉力很小、较小、一般、很大4种情况下的任意1种； 实验报告：未绘制效率、滑动率曲线，未对实验结果进行分析

注：X表示学生实验成绩。

附录 2 - 4 - 1

实验报告

带传动实验

姓　名：____________

班　级：____________

学　号：____________

组　员：____________

成　绩：____________

1．请写出效率和滑动率的计算公式。

2．绘制不同张紧力下平皮带的效率和滑动率曲线，根据不同张紧力下的效率和滑动率曲线，研究张紧力对平皮带传动性能的影响。（数据记录格式和绘图格式见附表）

3．绘制不同的主动轮转速下平皮带的效率和滑动率曲线，根据不同主动轮转速下的效率和滑动率曲线，研究转速对平皮带传动性能的影响。

4．分析现象。

（1）为什么开始时平皮带的效率低？请对此现象作出解释。

（2）根据实验结果，简述改变初拉力对效率及滑动率的影响，并根据学过的知识作出解释。

（3）在平皮带的效率和滑动率曲线上标出临界点和正常工作区。

（4）分析实验装置。

①写出差动滑轮的增力原理。

②主动电动机下面为什么做成可以移动的？

③写出主动电机与从动电机的一侧所挂弹簧的作用。

附表：数据记录和绘图

皮带类型：__________；F_0 =______________。

n_1 /（r·min^{-1}）	T_1 /（N·m）	n_2 /（r·min^{-1}）	T_2 /（N·m）	η/%	ε/%

皮带类型：__________；F_0 =______________。

n_1 /（r·min^{-1}）	T_1 /（N·m）	n_2 /（r·min^{-1}）	T_2 /（N·m）	η/%	ε/%

皮带类型：__________；F_0 = ______________。

n_1 / (r·min^{-1})	T_1 / (N·m)	n_2 / (r·min^{-1})	T_2 / (N·m)	η/%	ε/%

皮带类型：__________；F_0 = ______________。

n_1 / (r·min^{-1})	T_1 / (N·m)	n_2 / (r·min^{-1})	T_2 / (N·m)	η/%	ε/%

2.5 回转构件的动平衡实验

2.5.1 实验目的

（1）加深对转子动平衡概念的理解。

（2）了解动平衡实验台的结构及工作原理。

（3）了解并掌握刚性转子动平衡的原理及基本方法。

2.5.2 实验设备

本实验的实验设备为CDJY－3机械共振式动平衡机。

2.5.3 实验原理

1. 实验台结构

CDJY－3机械共振式动平衡机的结构如图2－5－1所示，其中实验转子与框架组成绕轴$O—O$（垂直于纸面）摆动的振子，振子与弹簧组成一个振动系统，其振幅可用百分表测得，在转子运转之前偏心轮用来支撑框架。

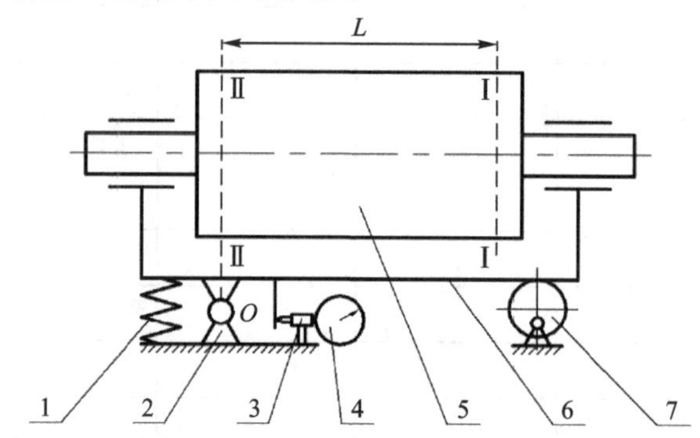

1—弹簧；2—支座；3—表架；4—百分表；5—实验转子；6—振动框架；7—偏心轮。

图2－5－1 CDJY－3机械共振式动平衡机结构示意图

2. 实验原理

由动平衡原理可知，对任何不平衡的转子，都可以用分别处于两个任选平面Ⅰ—Ⅰ、Ⅱ—Ⅱ（平衡基面）内，回转半径分别为r_{I}与r_{II}的两个不平衡质量m_{I}与m_{II}来等效，只要使这两个等效不平衡质量得到平衡，则该转子达到动平衡。

当把转子放在框架上回转时，两等效不平衡质量分别产生两等效离心惯性力F_{I}与F_{II}，在力矩$F_{\mathrm{I}}L$的作用下引起振动系统的受迫振动，因F_{II}在过$O—O$轴的平面Ⅱ—Ⅱ内，故不影响绕$O—O$轴的振动，当转子的角频率接近系统的自振频率时，系统出现共振，这时振幅最大，如图2－5－2所示。

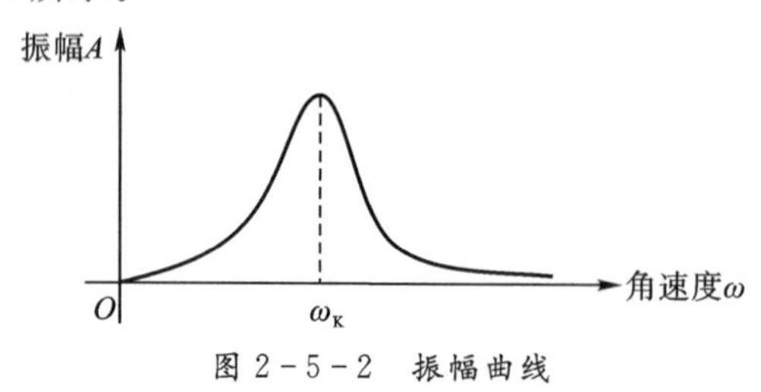

图2－5－2 振幅曲线

共振振幅与干扰力的大小成正比，即

$$A_{\mathrm{I}} \propto m_{\mathrm{I}} r_{\mathrm{I}} \omega_{\mathrm{K}}^{2} L$$

式中：ω_{K}为共振时转子的角速度，即振动系统的自振角频率。对一定的振动系统，它是个定值，L 亦是定值，故上式可表示为

$$A_{\mathrm{I}} = \mu m_{\mathrm{I}} r_{\mathrm{I}}$$

式中：μ 为比例系数；A_{I} 的大小可以由动平衡机上的百分表读得；不平衡质量 m_{I} 的大小与方位，可用二次转位法求得。在Ⅰ—Ⅰ平面内任选一方位，并在其回转半径 r_{s1} 处（注：$r_{s1}=r_{s2}=r_{\mathrm{I}}=r$），加一试重 m_s，此时测得系统的振幅 A_2。显然振幅 A_2 是由 $m_s r_{s1}$ 与 $m_{\mathrm{I}} r_{\mathrm{I}}$ 合成之振幅，振幅之间的关系如图 2-5-3 所示。

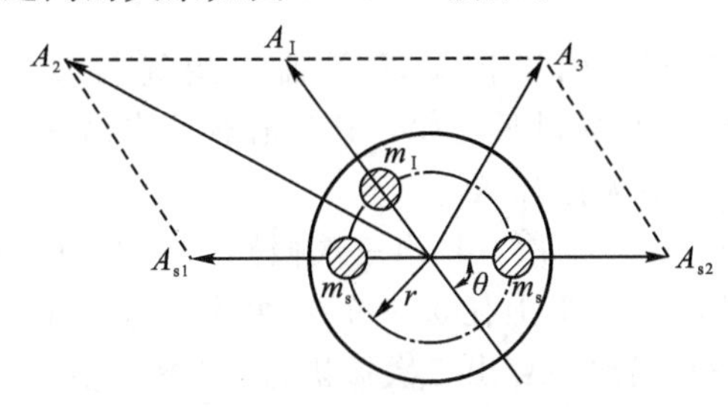

图 2-5-3　回转构件动平衡原理

再把试重 m_s 调过 180°置于回转半径 r_{s2} 处，则又可测得系统的振幅 A_3，振幅之间的关系如图 2-5-3 所示。

根据图 2-5-3 所示三角形的边角关系有：

$$A_2^2 = A_{s1}^2 + A_{\mathrm{I}}^2 + 2A_{s1}A_{\mathrm{I}}\cos\theta \tag{2-5-1}$$

$$A_3^2 = A_{s1}^2 + A_{\mathrm{I}}^2 - 2A_{s1}A_{\mathrm{I}}\cos\theta \tag{2-5-2}$$

根据式（2-5-1）、式（2-5-2）可得：

$$A_{s1} = \sqrt{\frac{1}{2}(A_3^2 + A_2^2 - 2A_{\mathrm{I}}^2)}$$

$$\cos\theta = \frac{A_2^2 - A_3^2}{4A_{s1}A_{\mathrm{I}}}$$

$$\theta = \arccos\left(\frac{A_2^2 - A_3^2}{4A_{s1}A_{\mathrm{I}}}\right) \tag{2-5-3}$$

$$A_{\mathrm{I}} = \mu m_{\mathrm{I}} r_{\mathrm{I}},\quad A_{s1} = \mu m_s r_{s1}$$

$$m_{\mathrm{I}} r_{\mathrm{I}} = \frac{A_{\mathrm{I}} m_s r_{s1}}{A_{s1}}$$

由于 $r_{\mathrm{I}} = r_{s1}$，则

$$m_{\mathrm{I}} = \frac{A_{\mathrm{I}}}{A_{s1}} m_s \tag{2-5-4}$$

由式（2-5-3）求出不平衡相位角，由式（2-5-4）求出不平衡质量的大小。

平衡的理想情况是不再振动，但实际上由于各方面的误差，仍会残留较小的不平衡质量 m''，可将平衡质量的大小在其所加的方位上做微小调整，以得到更小的不平衡质量，而此更小的不平衡质量在一定程度上反映了平衡精度。

$m''r''$ 的大小可按下式确定：

$$m''r''=\frac{A''}{A_{\mathrm{I}}}m_{\mathrm{I}}r_{\mathrm{I}} \tag{2-5-5}$$

式中：r'' 与 r_{I} 大小相等；A'' 为残余不平衡质量振幅，由动平衡机上的百分表读出。

2.5.4 实验任务

测定回转构件的不平衡质量的大小和方位，并通过增减配重质量进行校正，直到构件达到平衡要求。

2.5.5 实验步骤

（1）选定转子上的平衡基面Ⅰ—Ⅰ、Ⅱ—Ⅱ，并使平衡基面Ⅰ—Ⅰ通过框架回转轴线 $O—O$ 。

（2）以偏心轮托住框架，用手搓动转子轴或用绳拉动转子轴直至其转速达到 200 r/min 左右，然后放开框架转动偏心轮，让偏心轮能自由摆动。

（3）观察百分表，记下最大振幅 A_1。

（4）再重复步骤（2）、（3）两次，算出三次振幅 A_1 的平均值。

（5）在转子的平衡基面Ⅰ—Ⅰ上任选一个方便的位置加上试重 m_s ，记下最大振幅 A_2，并重复步骤（2）、（3）两次，算出三次振幅 A_2 的平均值。

（6）将试重 m_s 调过 180° 安置，并重复步骤（2）、（3）三次，算出三次振幅 A_3 的平均值。

（7）按式（2-5-3）计算不平衡相位角 θ ，按式（2-5-4）计算不平衡质量 m_{I} 。

（8）从第二次试重安放位置沿顺时针方向转过 θ 角加上平衡质量 m_{I} ，重复步骤（2），若这时测得振幅很大，则将 m_{I} 取下沿逆时针方向转过 θ 角再加上 m_{I} ，记下残余振幅 A'' 。

（9）按式（2-5-5）计算残余不平衡质量 m'' 。

（10）将转子调头，使平衡基面Ⅱ—Ⅱ通过框架回转轴线 $O—O$ ，再重复上述步骤（2）至（9），此时，在平衡基面Ⅱ—Ⅱ上加试重，计算 m_{II} 、θ 及 m'' 等有关参数。

注意事项：

（1）实验过程中注意安全。

（2）实验开始前检查平衡面的槽中是否有未取下的平衡胶泥。如果有，请先取下再开始实验，实验完成后务必将平衡胶泥取出归还。

2.5.6 实验报告要求

实验报告格式见附录 2-5-1。

2.5.7 评价标准

本实验评分标准见表 2-5-1。

表 2-5-1 实验评分标准

实验名称	优秀 (90≤X<100)	良好 (80≤X<90)	中等 (70≤X<80)	及格 (60≤X<70)	不及格 (X<60)
回转构件的动平衡实验	残余振幅<0.05 mm，实验时间小于 80 min	0.05 mm<残余振幅<0.1 mm，实验时间小于 100 min	0.05 mm<残余振幅<0.1 mm，实验时间大于 120 min	0.1 mm<残余振幅<0.2 mm，实验时间大于 120 min	残余振幅>0.2 mm，实验时间大于 120 min

注：X 表示学生实验成绩。

附录 2－5－1

实验报告

回转构件的动平衡实验

姓　　名：__________

班　　级：__________

学　　号：__________

组　　员：__________

成　　绩：__________

一、实验目的

二、实验设备

三、实验原理

四、实验数据及计算结果

1. 振幅测量。

序号	A_1		A_2		A_3	
	Ⅰ	Ⅱ	Ⅰ	Ⅱ	Ⅰ	Ⅱ
1						
2						
3						
平均值						

2. 计算结果。

项目	m_s/g		m_{I}/g	m_{II}/g	θ/(°)		A''/mm		m''/g	
	Ⅰ	Ⅱ			Ⅰ	Ⅱ	Ⅰ	Ⅱ	Ⅰ	Ⅱ
数值										

五、回答问题

1. 何为动平衡，哪些构件需要进行动平衡？

2. 对动不平衡刚性转子，为什么可以在所选定的两个平衡基面上，通过加重或去重实现刚性转子的动平衡？

2.6　轴系结构分析与组装实验

2.6.1　实验目的

本实验通过绘制轴系装配图，了解轴的定位及轴上零件的轴向、周向定位方式，轴与轴上零件的连接方法和尺寸装配关系，轴承的间隙调整方法和润滑密封方式。

2.6.2　实验设备

本实验设备有轴系结构搭接模型、游标卡尺、纸张及绘图工具（自备）。

2.6.3　实验原理

轴系的结构设计就是在满足承载能力要求的前提下，针对不同情况，综合考虑轴与轴上零件的装配关系、加工和装配工艺等各种因素，合理确定轴的结构形状和全部尺寸。其应遵循的一般原则如下。

（1）受力合理，有利于提高轴的强度和刚度。

（2）轴相对于机架和轴上零件相对于轴的定位准确、可靠。

（3）便于加工制作，且轴上零件便于装拆和调整。

（4）尽量减少应力集中，并节省材料、减轻质量。

轴各部分的名称、位置、尺寸要求与作用如下：轴头是轴上装轮毂的部分；轴颈是轴上与轴承配合的部分；轴身是连接轴头和轴颈的部分。轴颈直径与轴承内径、轴头直径与相配合零件的轮毂内径应一致，且为标准值。为便于装配，轴颈和轴头的端部均应有倒角。用作零件轴向固定的台阶部分称为轴肩，环形部分称为轴环，如图 2-6-1 所示。

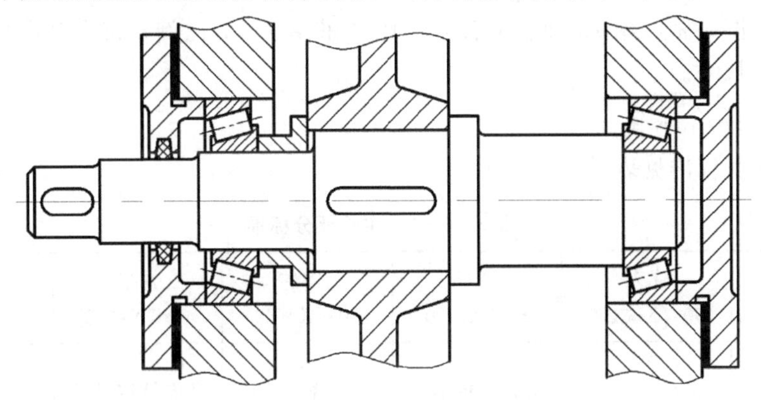

图 2-6-1　轴系结构示意图

2.6.4　实验任务

（1）根据轴系模型，绘制出模型的装配图（必做）。

（2）根据已有的搭接模型，修改原方案，完成一个可行的方案（选做）。

2.6.5　实验步骤

1. 参考实验步骤

（1）在课堂上绘制出模型的草图。

（2）量取必要的尺寸。

（3）将草图及装好的模型交教师检查后签名。

（4）课后根据草图绘制装配图。

2．实验中的注意事项

（1）在绘制草图之前不要急于拆卸模型，应将草图画出之后再拆开模型进行详细的分析。

（2）注意细小尺寸结构，不要遗忘。

（3）注意以下几个方面的结构分析：

① 轴的定位方式；

② 轴上每个零件的轴向定位关系，即零件在轴上所处的位置、相互关系及装配顺序；

③ 轴上零件的周向定位方法；

④ 轴承的定位及间隙调整方法；

⑤ 端盖的作用；

⑥ 密封的形式。

2.6.6 实验报告

1. 预习报告

（1）轴的定位方式有哪几种，这几种定位方式的特征是什么？

（2）请写出你所知道的几种常用的轴承，并介绍它们的结构特点、适用场合，以图表示。

2. 实验报告

绘制装配图一张，用A3纸。（注：装配图采用1∶1比例，符合制图标准，标注主要零件的配合尺寸。）

2.6.7 评价标准

本实验评分标准见表2－6－1。

表2－6－1　**实验评分标准**

实验名称	优秀 （90≤X<100）	良好 （80≤X<90）	中等 （70≤X<80）	及格 （60≤X<70）	不及格 （X<60）
轴系结构分析与组装实验	完成给定结构和设计结构的装配图，基本正确，无结构错误，制图错误少于3处	完成给定结构和设计结构的装配图，基本正确，无定位错误，零件结构错误少于3处，制图错误少于5处	完成给定结构和设计结构的装配图，定位错误少于2处，零件结构错误少于5处，制图错误少于8处	完成给定结构和设计结构的装配图，定位错误多于2处，零件结构错误多于5处，制图错误多于8处	未完成给定结构的装配图

注：X为学生实验成绩。

2.7　机器和机构观摩认知实验

2.7.1　实验目的

（1）了解各种机构的类型及表达方法。

（2）通过操纵机器了解其系统的功能、组成、类型及基本特征。

2.7.2　实验设备

1. 机械原理陈列柜

机械原理陈列柜主要展示各种常用机构及其应用，介绍机构的类型和结构，演示其工作原理及运动。陈列柜展示内容包括机械的组成、平面连杆机构类型、平面连杆机构的应用、凸轮机构、齿轮机构的类型、齿轮的基本参数、轮系的类型和功用、间歇运动机构、组合机构、空间连杆机构。

2. 各种机器

实验设备还包括压缩机、压片机、牛头刨床、订书机等。

2.7.3　实验任务

1. 观察机械原理陈列柜中展示的各种机构

（1）机械的组成；

（2）平面连杆机构类型；

（3）平面连杆机构的应用；

（4）凸轮机构；

（5）齿轮机构的类型；

（6）齿轮的基本参数；

（7）轮系的类型和功用；

（8）间歇运动机构；

（9）组合机构；

（10）空间连杆机构。

2. 分组观察、操作各种机器

分组观察，操作如图 2－7－1、图 2－7－2、图 2－7－3 所示各种机器，分析其机构组成，每组指定同学讲解该机器的功能和机构组成，之后由指导教师提问和点评。

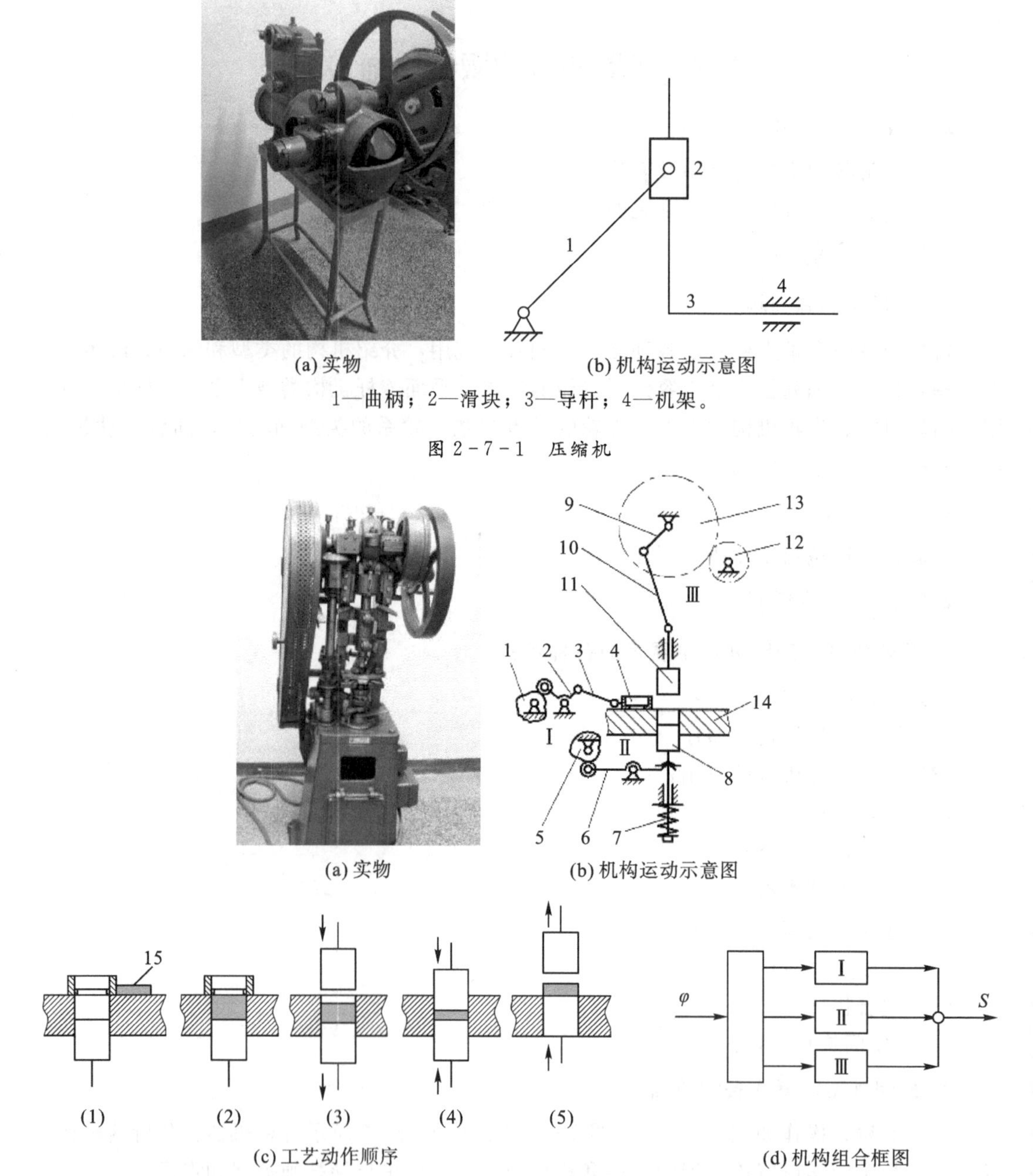

(a) 实物　　(b) 机构运动示意图

1—曲柄；2—滑块；3—导杆；4—机架。

图 2-7-1　压缩机

(a) 实物　　(b) 机构运动示意图

(c) 工艺动作顺序　　(d) 机构组合框图

1—料筛凸轮；2—摆杆Ⅰ；3—连杆Ⅰ；4—料筛；5—下冲头凸轮；6—摆杆Ⅱ；7—弹簧；8—下冲头；9—曲柄；10—连杆Ⅱ；11—上冲头；12—小齿轮；13—大齿轮；14—模具；15—工件。

图 2-7-2　压片机

在图 2-7-2（b）中，构件 1、2、3、4、14 组成凸轮-连杆机构Ⅰ，机构Ⅰ完成工艺动作（1）、（2），如图 2-7-2（c）所示；构件 5、6、8、14 组成凸轮机构Ⅱ，构件 9、10、11、12、13、14 组成齿轮-连杆机构Ⅲ，机构Ⅱ和Ⅲ配合完成工艺动作（3）、（4）、（5）。整个机构系统可由一个电机带动，所以构件 1、5、12 可装在同一根轴上或用机构系统连接起来。机构Ⅰ、Ⅱ、Ⅲ的组合框图如图 2-7-2（d）所示。

工艺动作顺序如图 2-7-2（c）所示：(1)移动料筛 4，将粉料送进至模具 14 的型腔上方等待装料，并将上一循环已成型的工件 15 推出；（2)料筛振动，将粉料筛入型腔；(3)上冲头 11 向下，同时下冲头 8 下沉一定深度，以防上冲头向下压制时将粉料扑出；(4)上冲头继续向下，下冲头向上加压，并在一定时间内保持一定的压力；(5)上冲头快速退出，下冲头上升将成型工件推出型腔。

(a) 实物　　　　(b) 牛头刨床机构运动示意图

1—曲柄；2—导杆；3—滑块；4—导向滑块；5—滑枕；6—机架。

图 2-7-3　牛头刨床

3. 完成以下测试题目

（1）内燃机可将燃气的热能转换成曲柄转动的机械能，其中将活塞往复移动转换为曲柄整周转动的机构是____，协调曲轴与凸轮轴运动关系的机构是____，控制进、排气门运动的机构是____。　（　）

A. 曲柄摇杆机构，凸轮机构，摇杆滑块机构

B. 曲柄摇杆机构，齿轮机构，凸轮机构

C. 曲柄滑块机构，齿轮机构，凸轮机构

D. 曲柄滑块机构，凸轮机构，摇杆滑块机构

（2）蒸汽机可将蒸汽的热能转换成曲柄转动的机械能，它主要由____、控制进气排气和倒顺车的偏心轮连杆机构组成。为了使传动平稳，在主轴上还设置了____。　（　）

A. 曲柄滑块机构，飞轮

B. 曲柄摇杆机构，飞轮

C. 曲柄滑块机构，齿轮

D. 曲柄摇杆机构，齿轮

（3）取____杆为机架，则与机架相邻的两构件均能做整圆周回转，得____。若一曲柄等速回转一周，则另一曲柄等速或变速回转一周。　（　）

A. 最长，双曲柄机构

B. 最短，双摇杆机构

C. 最长，双摇杆机构

D. 最短，双曲柄机构

（4）若曲柄做等速转动，从动的摇杆一般做变速往复摆动，而且来回摆动的平均角速

度不同，这种运动特点称为____。 （ ）

A．快速复位　　B．急回特性

C．复位特性　　D．快速急回

（5）机构运动简图是工程中常用的一种图形，它的特点是用规定的符号和简单的线条清晰而简明地表达出机构或机器的____情况，使人们对机器的动作原理一目了然。 （ ）

A．位置　　B．形状

C．运动　　D．关联

（6）鄂式破碎机常用于粉碎矿石，它是一个____。 （ ）

A．平面四杆机构　　B．平面五杆机构

C．平面六杆机构　　D．平面七杆机构

（7）翻转机构是应用____，使连杆实现两个位置的要求。需要翻转的砂箱与连杆固定联接，机构工作时，将砂箱从下面的位置经过180°翻转运动到上边的位置。 （ ）

A．双摇杆机构　　B．双曲柄机构

C．曲柄摇杆机构　　D．摇杆滑块机构

（8）使凸轮和从动件在运动过程中始终保持接触常用的方法有____和____两大类。 （ ）

A．力锁合，几何锁合　　B．几何锁合，重力锁合

C．重力锁合，弹力缩合　　D．弹力锁合，几何锁合

（9）凸轮的宽度在各个方向上度量均____平底从动件的框架内边宽度，凸轮与平底始终保持接触，我们将这种凸轮称为____。 （ ）

A．大于，等宽凸轮　　B．等于，等宽凸轮

C．大于，等径凸轮　　D．等于，等径凸轮

（10）齿轮机构用于两轴之间的运动和动力的传递，平行轴之间可采用____，相交轴之间可采用____，相错轴之间可采用____，而将转动与移动相互变换可采用____。 （ ）

A．圆锥齿轮传动，圆柱齿轮传动，螺旋齿轮传动，齿轮齿条传动

B．圆锥齿轮传动，齿轮齿条传动，螺旋齿轮传动，圆柱齿轮传动

C．圆柱齿轮传动，圆锥齿轮传动，螺旋齿轮传动，齿轮齿条传动

D．螺旋齿轮传动，圆柱齿轮传动，齿轮齿条传动，圆锥齿轮传动

（11）渐开线的性质如下：①发生线上滚过的长度____基圆上滚过的弧长；②发生线是渐开线的____并与基圆相切；③渐开线的形状取决于____半径的大小。基圆半径小，渐开线的曲率大，反之亦然。 （ ）

A．等于，切线，分度圆

B．等于，法线，基圆

C．小于，法线，基圆

D．小于，切线，分度圆

（12）渐开线齿轮的齿廓曲线上各点的压力角是不同的，越接近基圆，压力角____，在基圆上的压力角为____。在分度圆上的压力角有15°、20°和25°三种，常用的为____。 （ ）

A．越大，90°，25°　　B．越大，90°，20°

C．越小，0°，15°　　　　D．越小，0°，20°

（13）模数 m 是度量轮齿____、轮齿径向尺寸及齿轮大小的一个参数，模数 m 又是齿轮____计算的一个重要参数。　（　）

A．齿宽，刚度　　　　B．齿宽，强度

C．齿厚，刚度　　　　D．齿厚，强度

（14）第一个基本机构的____构件和第二个基本机构的____构件相联，这种组合方式称为机构的 ____组合。　（　）

A．输出，输入，串联　　　　B．输出，输入，并联

C．输入，输出，串联　　　　D．输入，输出，并联

（15）在自动机械的机构中，常常需要使一些构件产生周期性的运动和停歇，这种机构称为____。　（　）

A．周期运动机构

B．间歇运动机构

C．间隔运动机构

D．间隙运动机构

（16）由一个多自由度机构作为基础机构，一个或多个附加机构（单自由度机构）的____构件接入基本机构，而附加机构的____构件运动并非来自基础机构，这种组合方式称为机构的____组合。　（　）

A．输出，输入，串联　　　　B．输出，输入，并联

C．输入，输出，串联　　　　D．输入，输出，并联

（17）当需要将一个主动件的转动，按所需比例分解为两个从动件的转动时，常用差动轮系。汽车后轮的转动是由一个主动件的转动分解而得。汽车沿直线行驶时，左右两轮转速____；汽车左转弯时，左轮转速____，右轮转速____。　（　）

A．相等，快，慢　　　　B．相等，慢，快

C．不等，快，慢　　　　D．不等，慢，快

（18）人字齿轮是由左右两圈对称形状的____组成。因轮齿左右两侧完全对称，故两侧所产生的轴向力____。人字齿轮传动常用于冶金行业和矿山中重型设备的大功率传动。　（　）

A．直齿，相互抵消　　　　B．直齿，成倍增大

C．斜齿，相互抵消　　　　D．斜齿，成倍增大

（19）零件是机器的____单元，构件是机构的____单元。　（　）

A．制造，运动　　　　B．运动，制造

C．运动，标准化　　　　D．制造，标准化

（20）平面运动副有____。　（　）

A．转动副、移动副和平面滚滑副

B．转动副、移动副和球面副

C．移动副、平面滚滑副和圆柱副

D．平面滚滑副、螺旋副和球面高副

2.8　机械零部件观摩认知实验

2.8.1　实验目的

(1) 了解零件的类型及表达方法。

(2) 观察零件的失效形式、安装定位方法。

(3) 了解课程内容，增加感性认识。

2.8.2　实验设备

本实验设备为机械零部件陈列柜。

2.8.3　实验任务

1. 观察机械零部件陈列柜

(1) 机器与零件（解释说明，总体概述）；

(2) 带传动；

(3) 齿轮传动；

(4) 链、摩擦、螺旋传动；

(5) 轴；

(6) 蜗杆传动；

(7) 联轴器与离合器；

(8) 滚动轴承；

(9) 滑动轴承；

(10) 螺纹联接；

(11) 润滑。

2. 完成以下测试题目

(1) 在下列各种型式的带传动中，能保证传动比不变的是（　）。

A. 同步带传动　　B. V 带传动

C. 多楔带传动　　D. 平带传动

(2) V 带传动的传动能力大于平带传动，这是因为（　）。

A. V 带的厚度

B. V 带的根数多

C. V 带传动可用张紧装置

D. V 带传动能产生较大的摩擦力

(3) 齿面点蚀现象常发生在（　）。

A. 齿顶上　　B. 齿根上

C. 节线上　　D. 齿根近节线处

(4) 蜗杆传动的特点主要是（　）。

A. 传动比小，工作平稳，效率高

B. 传动比大，工作平稳，效率低

C．传动比大，工作平稳，效率高

D．传动比小，工作平稳，效率低

(5) 轴上设轴环的用途是（　）。

A．提高轴的强度

B．增大轴的刚度

C．改变轴的固有频率

D．为了使轴上零件获得轴向定位和固定

(6) 如轴上零件承受较大的轴向力，则不应采用的轴向定位零件是（　）。

A．圆螺母　　B．轴肩

C．弹性挡圈　　D．套筒

(7) 滚动轴承的直径系列是指这一系列轴承（　）。

A．内径相同，外径和宽度不同

B．外径相同，内径和宽度不同

C．宽度相同，内径和外径不同

D．内径、外径相同，宽度不同

(8) 在润滑密封良好的正常情况下，最常见的滚动轴承失效形式应该是（　）。

A．胶合　　B．磨损

C．断裂　　D．点蚀

(9) 滚动轴承的外径与机座孔的配合采用（　）。

A．基轴制

B．基孔制

C．基轴制与基孔制混合

D．特殊制

(10) 滑动轴承的主要损坏形式是（　）。

A．轴瓦断裂　　B．磨损和胶合

C．表面点蚀　　D．表面剥落

(11) 对液体滑动轴承而言，其轴瓦上开设油孔、油槽的位置应在（　）。

A．轴瓦上部　　B．轴瓦下部

C．轴瓦承载区　　D．轴瓦非承载区

(12) 依靠由轴承外部输入压力油而形成液体膜润滑的轴承称为（　）。

A．动压轴承　　B．静压轴承

C．动静压轴承　　D．静动压轴承

(13) 下列四种材料中适于用作轴瓦材料的是（　）。

A．合金钢　　B．碳钢

C．锡青铜　　D．铝

(14) 调心式滑动轴承的优点是（　）。

A．结构简单

B．加工容易

C．不用有色金属

D．可适应轴径偏斜

(15) 滚动轴承公差等级分为____个级别，最高级为____，最低级为____，普通级为____。 ( )

A．6，2级，0级，0级

B．6，6x级，2级，1级

C．5，6级，5级，0级

D．7，2级，6x级，0级

(16) 摩擦式离合器的优点是（ ）。

A．接合平稳、冲击小、过载打滑、起安全保护作用

B．可传递大功率、大转矩

C．结构紧凑、尺寸小

D．能保证两轴的转速相等

(17) 轴直径变化处加过渡圆角的目的是（ ）。

A．便于加工轴

B．便于装配

C．减少应力集中

D．提高轴的刚度

(18) 对工作中只起支承传动件的作用，并不传递转矩的轴，应称它为（ ）。

A．心轴　　B．转轴

C．传动轴　　D．轴系

(19) 在正常条件下，造成齿面过早点蚀的主要原因是齿轮的（ ）。

A．模数太小　　B．齿数太少

C．弯曲许用应力过低　　D．齿面的硬度过低

(20) 一对外啮合斜齿圆柱齿轮传动时，它们齿的螺旋角 β 和旋向应该满足（ ）。

A．螺旋角 $\beta_1=\beta_2$，旋向相反

B．螺旋角 $\beta_1=\beta_2$，旋向相同

C．螺旋角 $\beta_1>\beta_2$，旋向相反

D．螺旋角 $\beta_1<\beta_2$，旋向相同

第3章　机械设计基础综合型实验

按照培养学生解决复杂工程问题能力的目标定位，本章设置了3个课内综合实验项目，培养学生的机构、结构分析能力及系统方案设计能力，包括面向机器复杂功能的运动系统创新设计与实现、机器功能驱动的机构优化设计与评价、轴系结构设计与组装。

综合实验项目的设计具有面向复杂工程问题能力培养的教学背景或情境，实验内容和环节设置坚持将知识、能力有机融合，培养学生深度分析、解决复杂工程问题的综合能力和高级思维。实验的考核基于“过程表现”和“成果呈现”两个维度，对项目团队的学习效果进行综合考评。

3.1　面向机器复杂功能的运动系统创新设计与实现

培养目标：培养学生的系统方案设计能力及问题解决能力。

实验性质：综合设计型、创新型。

实验内容：结合课程涉及的机构进行产品运动系统方案设计并予以实施。

3.1.1　实验项目任务书

1. 实验设备

实验设备包括慧鱼创意组合模型、创意之星套件等。

2. 实验目的

(1) 了解产品运动系统方案设计的一般流程，增强学生工程系统方案设计的能力。

(2) 了解课内外典型机构的工作原理，增强学生对机构原理的理解和综合应用能力。

(3) 培养学生动手实践能力，帮助学生开拓创新设计思维，锻炼学生“探究性学习”的能力。

3. 设计题目

本实验为工业机器人运动系统创新设计。

4. 实验任务

本实验任务为设计、制作一款乒乓球夹球机器人并达到实验考核竞赛要求（竞赛规则见附录3-1-1）。

5. 实验内容

本实验以慧鱼创意组合模型、创意之星套件等为教学平台，要求学生在案例学习的基础上，在给定的题目下，综合应用机构学相关知识，利用提供的创意组合模型，设计并实现能满足功能要求的运动系统方案，主要实验内容如下。

(1) 案例模型的学习与搭建。

操作者按照给定模型案例，学习创意组合模型结构设计的方法，按说明书要求搭建案例模型；学习使用创意组合模型控制软件，并应用于案例模型中。

（2）资料查找和文献综述撰写。

以工业机器人为对象，针对某一具体方向，查找近年相关机械产品，了解其功能实现的机构、工作原理、特点和优势。自选主题，撰写文献综述。

（3）产品方案设计。

各小组根据给定的实验任务、所查资料及竞赛规则，以各组案例模型零件为依托，设计能实现功能需求的运动系统方案，利用三维建模软件（如 Inventor、SolidWorks 等）对所设计的产品方案进行建模，并进一步优化设计方案。

（4）方案系统搭建与实现。

以小组为单位，根据设计方案搭建整体模型（以案例模型零件为主要依托，也可利用3D 打印机自行加工或借助其他零件），使其能实现设计的目标功能。

（5）方案实现评价及竞赛。

实验报告：以小组为单位，针对设计的模型及实物撰写设计说明书、制作答辩演示文稿（PPT）。

考核评价：有答辩和竞赛两部分，各小组需按竞赛规则进行准备，答辩及竞赛成绩将作为考核的重要依据。

6. 实验要求

（1）实验以组为单位，每组 4～5 人。

（2）提交资料包括：文献综述、实验报告（模板见附录 3-1-2）、三维模型、答辩演示文稿、实物作品运动视频、控制程序。

（3）文献综述撰写要求：要求各小组针对设计题目中的某一具体内容充分调研，并对所调研的资料进行汇总和梳理，参考文献不得少于 20 篇，其中近 5 年的文献不得少于10 篇。

（4）实验报告要求：每组提交一份实验报告，要求按报告模板逐项填写（可加项）。

7. 参考资料

[1] 陈晓南，杨培林．机械设计基础[M]．4 版．北京：科学出版社，2023.
[2] 高桥诚．创造技法手册[M]．蔡林海，译．上海：上海科学普及出版社，1989.
[3] 慧鱼集团．Computing Starter 说明书[Z]．图木岭：慧鱼集团，2012.
[4] 慧鱼集团．Industry Robots 说明书[Z]．图木岭：慧鱼集团，2012.

3.1.2 评价标准

综合性实验的考核包括综合评分和小组评分。综合评分评出的是小组成绩，由指导教师依据实验过程、实验报告、答辩及竞赛成绩给出；小组评分是由学生小组内部互评确定个人得分。

本实验的综合评分包括：文献综述（10 分），建模与仿真（20 分），设计创意及技术复杂度（20 分），实验报告（10 分），功能完整及实现程度（40 分），各部分评分标准如表 3-1-1 所示。小组各成员成绩＝小组成绩×个人贡献度。

表 3-1-1　实验评分标准

项目	分值	评分标准
文献综述	10	1. 格式规范（2）； 2. 选题合适（2）； 3. 调研充分（4）； 4. 参考文献>20 篇（2）
建模与仿真	20	1. 建模（10）； 2. 仿真（10）
设计创意及技术复杂度（答辩）	20	1. 创意（10）； 2. 技术复杂度（10）
实验报告	10	1. 格式规范（2）； 2. 心得体会（2）； 3. 内容完整充实（6）
功能完整及实现程度（竞赛）	40	1. 本班排位赛（30）； 2. 班级排位赛（10）； 具体计分标准见竞赛细则

附录 3－1－1

“面向机器复杂功能的运动系统创新设计与实现”
综合实验项目竞赛规则

一、竞赛介绍

“面向机器复杂功能的运动系统创新设计与实现”综合实验旨在培养学生综合应用课程涉及的机构，以模块化产品设计模型为依托，进行实现一定功能需求的产品运动方案设计并予以实施。为了相对客观地对学生产品运动方案进行评判，激发学生的学习兴趣和积极性，在综合实验中加入竞赛环节。通过实验训练和技能竞赛，学生的综合工程素质、创新能力、团队协作能力等都能得到全面的培养和提升。竞赛结果将作为本项综合实验成绩评判的重要依据。

二、竞赛项目

乒乓球夹球机器人设计与实现。

三、竞赛安排

竞赛包括运动方案展示（以 PPT 形式）和夹乒乓球比赛两部分。要求运动方案展示时各组至少有 2 名同学参加，其他同学可提前在赛场调试程序。

四、竞赛规则

1．竞赛形式

要求各组设计的机器人在规定时间内（5 分钟）将乒乓球从左侧收纳盒放置到右侧收纳盒中，收纳盒中乒乓球的位置不可手动干预。规定时间内转移乒乓球的数量多者获胜。

2．竞赛道具说明

（1）竞赛乒乓球（如图 3－1－1 所示）：白色，直径 40 mm，与正常乒乓球大小一样，但壁薄。乒乓球放置位置可自行调整。

（2）竞赛收纳盒（如图 3－1－2 所示）：黑色收纳盒，外部尺寸为 440 mm×290 mm×80 mm，内部尺寸为 410 mm×260 mm×75 mm。两收纳盒间的距离和放置方式可自行调整。

图 3－1－1　竞赛乒乓球

图 3－1－2　乒乓球收纳盒

3. 参赛队伍要求

(1) 各参赛队在比赛前将运动方案 PPT、三维模型、实验报告、程序及运动视频打包发送至指定邮箱，运动方案展示时请携带纸质实验报告。

(2) 运动方案展示时长为每组 8 分钟，提问 2 分钟，展示时每组至少有 2 人参加，小组其他成员在比赛现场进行程序调试。

(3) 各参赛队员参赛时，请自备用于程序调试的计算机、参赛用的各种器材和常用工具。

(4) 竞赛方式：在规定时间内完成乒乓球的转移工作，具体见竞赛细则。

(5) 参赛队员应服从裁判的判决，比赛进行中如发生异议，须由组长以书面形式申请复议，由裁判做出最终判决，并给出解释说明。

(6) 竞赛期间，场内外一律禁止使用各种设备或方式妨碍其他小组作品展示，一旦发现，将对肇事队员进行扣分处理。

(7) 凡规则未尽事宜，解释与规则的修改权归裁判委员会。

4. 参赛机器人设计要求

(1) 各参赛队伍应采用统一标准的控制器、驱动器、电机等，机器人主体采用工业机器人慧鱼创意组合模型，可根据需要自行设计、制作其他结构件。

(2) 左右两侧收纳盒的距离不限，各参赛队可根据需要放置收纳盒。

(3) 比赛过程中要求参赛队员不得干预乒乓球或机器人的位置及动作，如有干预，每发现一次，将小组所转移乒乓球数减 5。

5. 竞赛细则

(1) 比赛规则：比赛前请各组抽派两名队员对其他小组进行监督与计时工作。各参赛队要求在规定时间内（5 分钟），将一侧收纳盒内的乒乓球转移至另一侧收纳盒，以规定时间内乒乓球转移个数作为评判依据。

(2) 计分方法：比赛成绩占该项实验成绩的 40%。其中，比赛成绩以转移乒乓球数量排名及功能实现程度为依据，分为本班排位赛计分项（满分 30 分）和班级排位赛计分项（满分 10 分）两项。

本班排位赛计分标准：以各组转移乒乓球的数量为排名依据，第一名 30 分，第二名 25 分，第三名 20 分，第四名 15 分，第五名 10 分；比赛时作品未能实现全部功能，以功能实现程度为打分依据。

班级排位赛计分标准：以各班所有小组转移乒乓球数量之和为排名依据；第一名班级各小组加 10 分，第二名班级各小组加 7 分，第三名班级各小组加 4 分，其他名次班级各小组不加分。

6. 违规与处罚

(1) 参赛队之间不得相互借用机器人，不得复制或仿造其他队机器人的结构设计，以上情况一经发现，将同时取消两队比赛成绩。

(2) 比赛过程中，参赛队员有干预乒乓球或机器人操作的行为视为犯规，每发现一次将小组所转移乒乓球数减 5。

(3) 在机器人转移乒乓球过程中发生人为破坏其他组比赛的，每发现一次扣 5 分。

7. 申诉与仲裁

（1）参赛队对评判有异议、对比赛的公正性有异议，以及认为工作人员存在违规行为等，均可提出书面申诉。

（2）参赛队不得因申诉或对裁决结果有意见而停止比赛或滋事扰乱比赛正常秩序，否则取消比赛成绩。

8. 安全

比赛过程中请各参赛队务必注意用电安全。

9. 其他

对本规则没有规定的行为，原则上都是允许的，但裁判有权根据安全、公平的原则做出独立裁决。

附件 3-1-2

面向机器复杂功能的运动系统创新设计与实现实验报告

班级：__________

组长：__________　学号：__________

组员：__________　学号：__________

　　　__________　学号：__________

　　　__________　学号：__________

　　　__________　学号：__________

成绩：__________

目 录

一、设计简介

（参考科技论文摘要的撰写方式，简明扼要地叙述设计方案的设计目的、主要设计内容、实现的功能及应用。）

二、设计方案

（介绍设计背景；阐明机构运动系统整体方案设计原理；绘制机构运动简图并进行机构工作原理分析；三维模型展示与介绍。）

三、实物模型搭建与优化

（介绍实物模型的整体方案，并附上实物模型照片；介绍主要功能模块的结构并逐一附图说明，评价其实物模型功能实现的情况。）

四、程序介绍

（说明实物运动系统实现的输出运动；附图说明运动控制程序的设计。）

五、总结

（总结实验中遇到的问题、收获和心得体会。可附上对本实验今后如何更好开展的建议和设想。）

六、组员贡献度

班级	组别	姓名	学号	贡献度	说明

注：贡献度是指该学生在本实验中的贡献程度，由各组学生自行商议并说明贡献度分配理由。贡献度分配原则：学生个人贡献度根据实验情况由小组内自行分配，并保证组内成员贡献度之和为 5（5 人一组总分为 5），个人实验成绩＝小组成绩×个人贡献度（总分＞100 分，按 100 分计）。

3.2 机器功能驱动的机构优化设计与评价

培养目标：培养学生建模、机构分析、结构分析的能力。

实验性质：综合设计型、创新型。

实验内容：根据不同的产品功能要求进行机构组合设计。

3.2.1 实验项目任务书

1. 实验设备

实验设备包括机构运动方案创新设计实验台、机构运动参数测定实验台、纸板、木板等。

2. 实验目的

(1) 加深学生对机构组成的认识。

(2) 培养学生机构分析及设计的能力。

(3) 培养学生建模的能力。

3. 设计主题

实验设计主题为仿生机械，可根据相关学科竞赛调整主题。

4. 实验任务

根据给定主题，在调研的基础上确定选题并进行机构设计及仿真分析，利用相关实验台进行机构搭接及运动参数测定，将仿真结果与实验结果进行对比分析。提出优化设计方案，并利用简易材料将其实现。

5. 实验内容

(1) 根据设计主题查阅文献并撰写综述。

要求：各小组针对设计主题进行充分调研，并对所调研的资料进行汇总和梳理；参考文献不得少于 20 篇，其中近 5 年文献不得少于 10 篇；严格按照综述格式进行撰写，不少于 3000 字。

(2) 通过曲柄摇杆机构运动分析实例，学习运用任意一款软件（Inventor、SolidWorks 等）进行机构运动仿真分析（参见附录 3-2-1）、机构搭接（参见 2.2 节）及运动参数测定（参见附录 3-2-2）。

(3) 根据设计主题要求，进行机构设计并建模。

(4) 对所设计的机构进行仿真分析，并在实验台上进行搭建和运动参数测定。

(5) 提出优化设计方案，并利用木棒、纸板等（材料不限）实现方案。

(6) 撰写实验报告，准备答辩演示文稿（PPT）。

6. 实验要求

(1) 实验以组为单位，每组 4～5 人。

(2) 提交资料包括：文献综述、实验报告、三维模型、仿真结果、答辩 PPT、实物作品运动视频。

(3) 实验报告要求：每组提交一份实验报告，要求按报告模板（参见附录 3-2-3）

逐项填写（可加项）。

7. 参考资料

[1] 陈晓南，杨培林．机械设计基础[M]．4 版．北京：科学出版社，2023.
[2] 张春林，赵自强．仿生机械学[M]．北京：机械工业出版社，2021.

3.2.2　评价标准

综合性实验的考核包括综合评分和小组评分。综合评分评出的是小组成绩，由指导教师依据实验过程、实验报告及答辩成绩给出；小组评分是由学生小组内部互评确定个人得分。

综合评分包括：文献综述（10 分），案例搭接与测试（10 分），方案设计（40 分），方案实现与测试（30 分），实验报告（10 分）。各部分评分标准如表 3－2－1 所示。小组各成员成绩＝小组成绩×个人贡献度。

表 3－2－1　实验评分标准

项目	分值	评分标准
文献综述	10	1. 格式规范（2）； 2. 选题合适（2）； 3. 调研充分（4）； 4. 参考文献＞20 篇（2）
案例搭接与测试	10	1. 搭接（5）； 2. 测试（5）
方案设计	40	1. 机构设计（20）； 2. 建模（10）； 3. 仿真（10）
方案实现与测试	30	1. 机构搭接（10）； 2. 参数测定（10）； 3. 实物制作（10）
实验报告	10	1. 格式规范（2）； 2. 心得体会（2）； 3. 内容完整充实（6）

附录 3-2-1

曲柄摇杆机构运动分析

平面铰链四连杆机构是由四个刚性构件通过转动副连接而成，它是平面四杆机构的基本形式。铰链四杆机构中按照连架杆是否能做整周转动可将其分为曲柄摇杆机构、双曲柄机构和双摇杆机构。其中曲柄摇杆机构既可以以曲柄为主动件将回转运动转换成摇杆的往复摆动，也可以以摇杆为主动件将往复摆动转换成曲柄的回转运动。曲柄摇杆机构具有承载能力强、耐磨性好，可以实现复杂的轨迹或运动要求等优点，在实际生产中有着广泛的应用，例如剪刀机、搅拌机、缝纫机踏板机构等。

在曲柄摇杆机构的设计中，常需要使连杆上的某一点实现给定的运动轨迹，目前解决此类问题的主要方法是根据轨迹坐标求解非线性方程组，再根据此方程组的解来设计曲柄摇杆。这种方法不但十分复杂而且能够实现的精确位置点数目有限。所以有人通过实验的方法，将不同杆长组合时连杆上点的轨迹曲线绘制成图册记录下来，在需要时对照图册查找相似的曲线。这种实验方法需要耗费很大的人力、物力。在 Inventor 中建立曲柄摇杆机构的模型并进行仿真后，不仅可以得到机构任意构件的位移、速度、加速度等运动参数，还可以显示机构上任意构件、任意点的轨迹曲线，更改各杆件的长度可以很方便地得到另外一组轨迹曲线，将这些轨迹曲线与需要的轨迹比较，从中选出十分相似的曲线，根据相似曲线就可以得到需要的机构。

1. 工作原理

如图 3-2-1 所示为一曲柄摇杆机构。该机构主要由曲柄、连杆、摇杆、机架等构件组成。当曲柄匀速转动时，由连杆带动摇杆绕固定轴线往复摆动，连杆自身做平面运动。

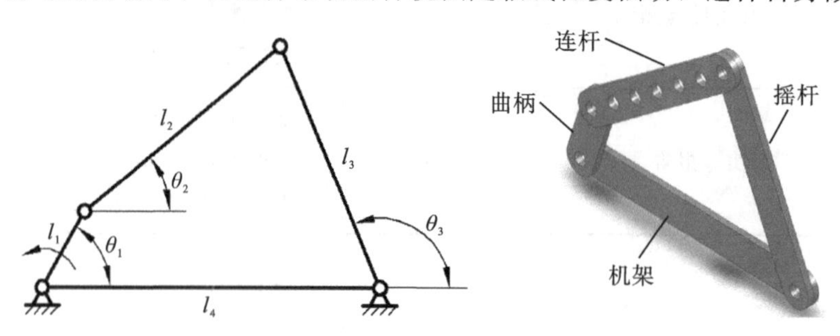

图 3-2-1　曲柄摇杆机构

2. 运动分析仿真

本案例中曲柄摇杆机构的尺寸参数为：曲柄长度 $l_1=50$ mm，连杆与摇杆长度 $l_2=l_3=150$ mm，机架长度 $l_4=200$ mm。曲柄做匀速转动，速度 360°/s，设 $\theta_1=0°$ 时，机构所处的位置为初始位置，对其进行运动仿真。

（1）创建零件。

在 Inventor 中点击新建零件图标，创建曲柄 $l_1=50$ mm，连杆 $l_2=150$ mm，摇杆 $l_3=150$ mm，机架 $l_4=200$ mm 的零件，如图 3-2-2 所示。

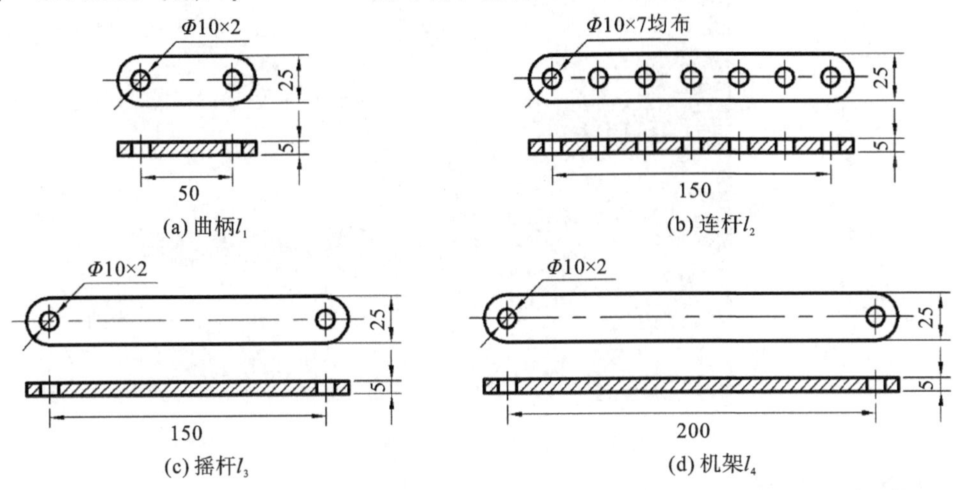

图 3-2-2　曲柄摇杆机构尺寸参数图（单位：mm）

（2）零件装配。

点击新建部件图标，选择工具栏中的装配选项，选择放置图标，在文件夹中选中已建好的杆件。

①固定机架 l_4，在零件 l_4 处点击鼠标右键，选择固定选项，图标表示零件已固定。

②装配零件 l_1 与零件 l_4，在工具栏选择装配→约束，如图 3-2-3 所示，点击插入约束图标，将 l_1 与 l_4 约束装配。

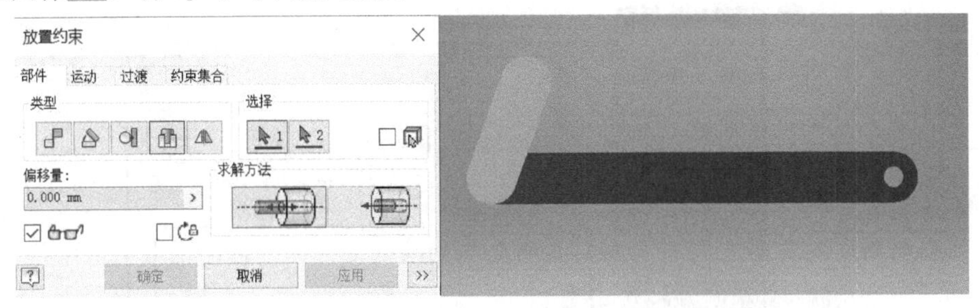

图 3-2-3　放置约束

③同理，将 l_1 与 l_2、l_2 与 l_3、l_3 与 l_4 装配在一起，如图 3-2-4 所示。

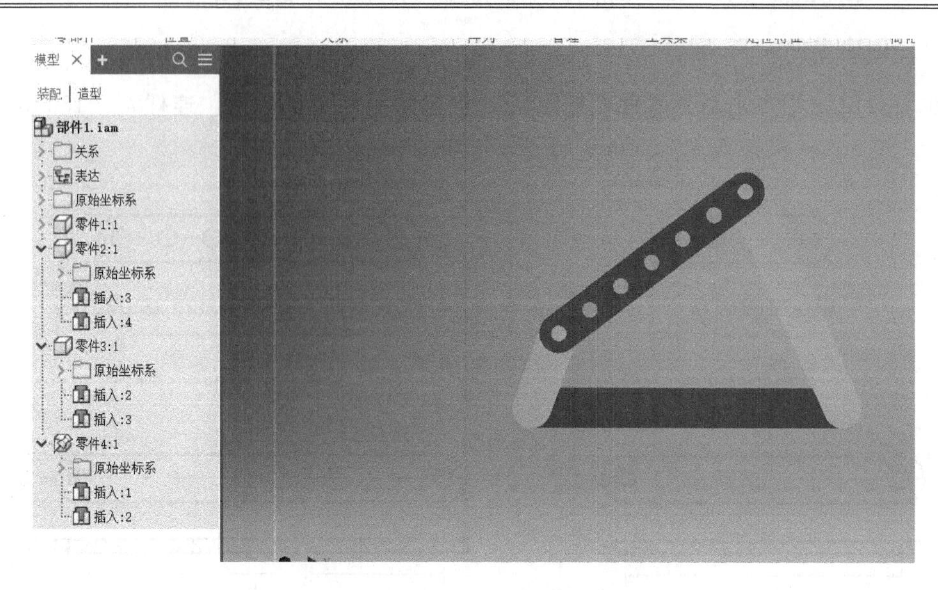

图 3-2-4　四杆机构三维装配图

（3）设置仿真条件。

四杆机构完成装配后，直接在窗口栏单击环境选项，点击运动仿真图标，进入运动仿真模式，如图 3-2-5 所示，Inventor 会根据装配关系自动生成相应的运动类型标准类型。如未生成，可自行点击插入运动类型图标插入运动类型，选择相应的类型进行添加。

注意：在仿真播放器中，选项为灰色时方可编辑，如图 3-2-5 所示。

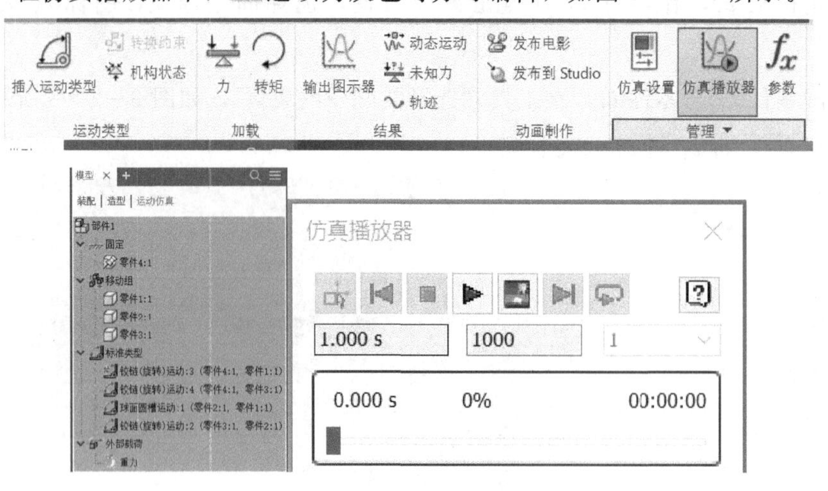

图 3-2-5　运动仿真模式界面

①选择 l_1 与 l_4 装配铰链为主动件，鼠标右击铰链(旋转)运动:3 (零件4:1, 零件1:1)，选择特征，再选择“自由度 1（R）”栏。单击初始位置设置图标，在位置栏输入“0.00 deg”，在速度栏输入“360.00 deg/s”，不勾选“已锁定”，如图 3-2-6 所示，单击编辑驱动条件图标，选择“速度”，在起始点和结束点处输入速度“360 deg/s”。

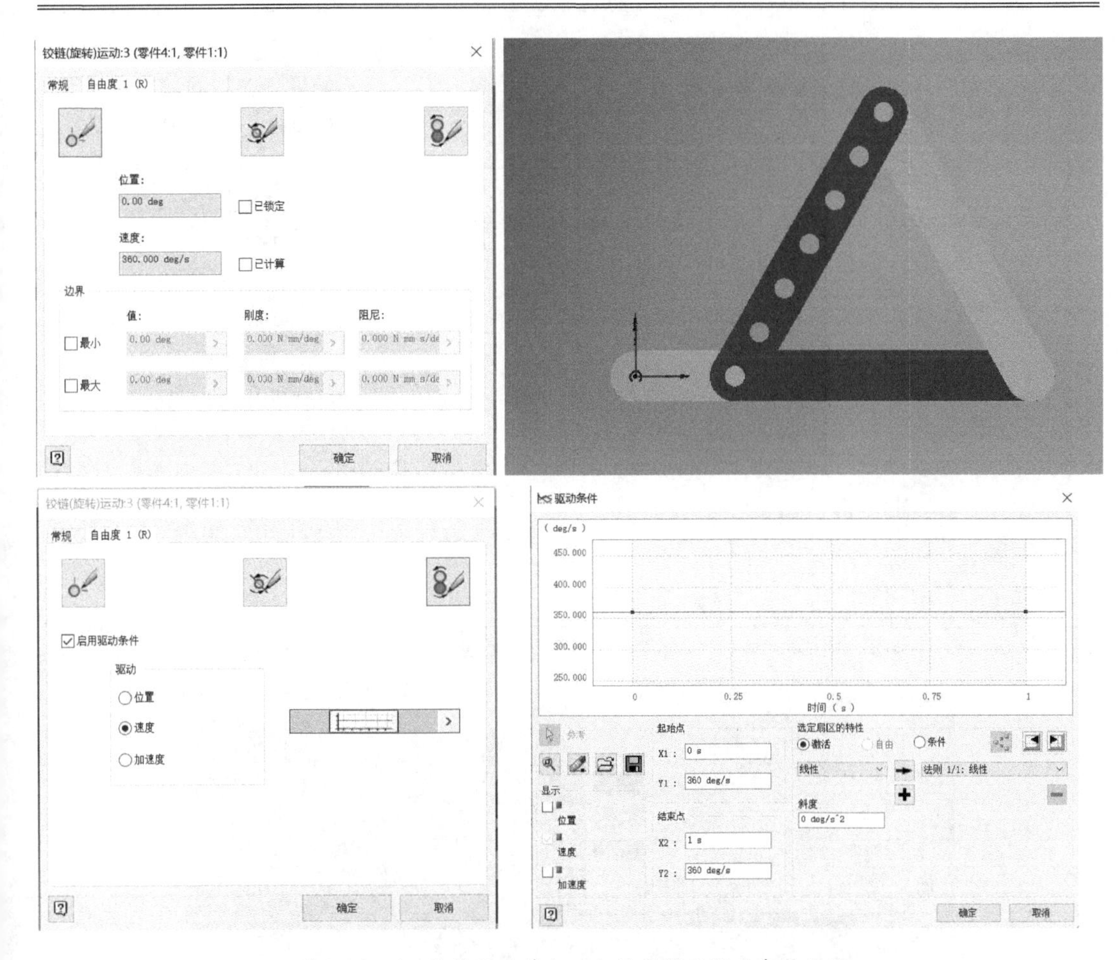

图 3-2-6　铰链运动特征、初始位置及驱动条件设置

②点击输出图示器图标（输出图示器），选择需要的输出参数（本案例中选择摇杆的运动位置、速度和加速度，即“铰链（旋转）运动 2”，如图 3-2-7 所示），还可选择跟踪点轨迹图标（轨迹）。

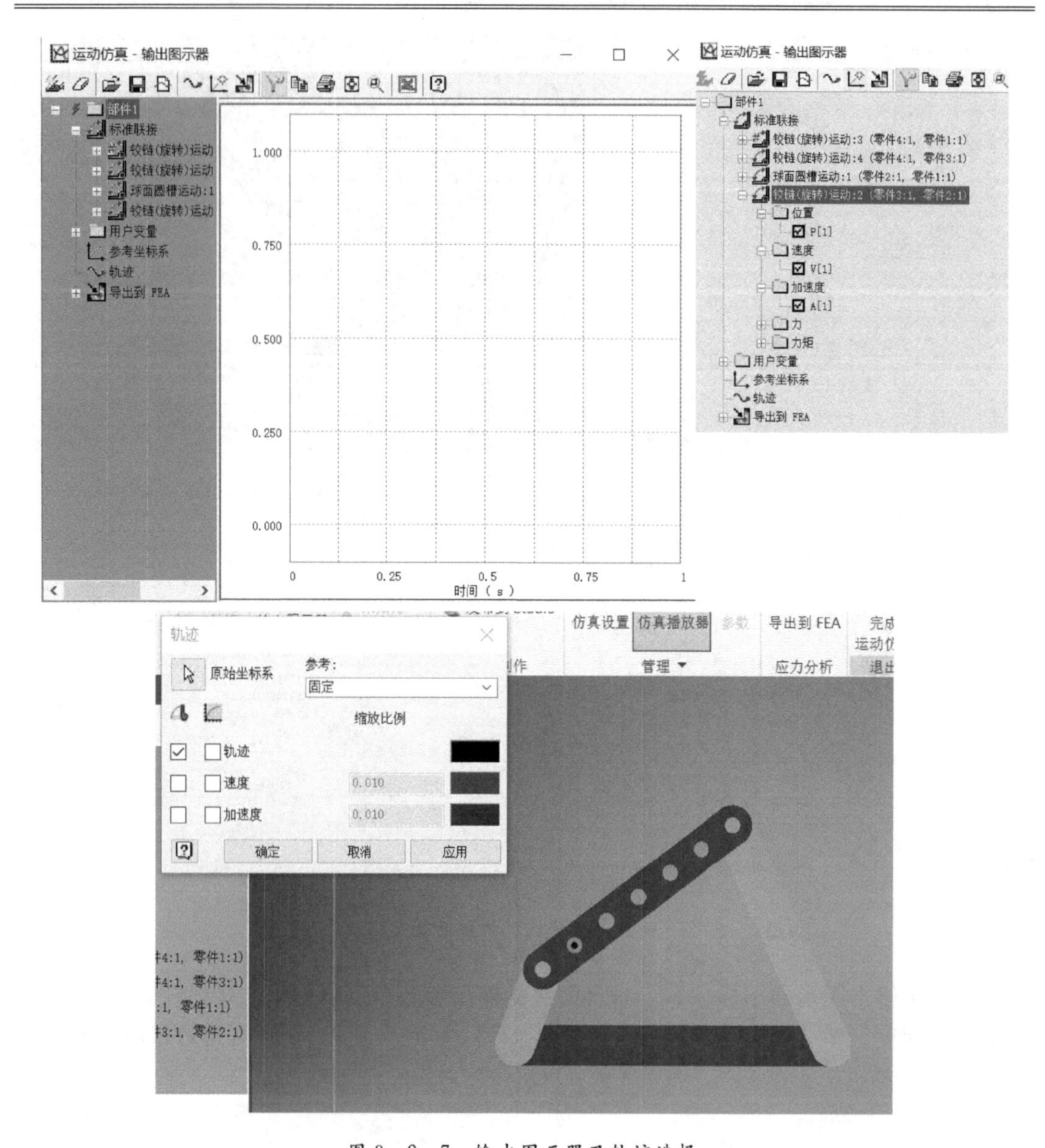

图 3-2-7　输出图示器及轨迹选择

③设置仿真播放器，选择时长为“1 s”，图像为“1000”，点击“播放”，可得仿真结果如图 3-2-8 所示。

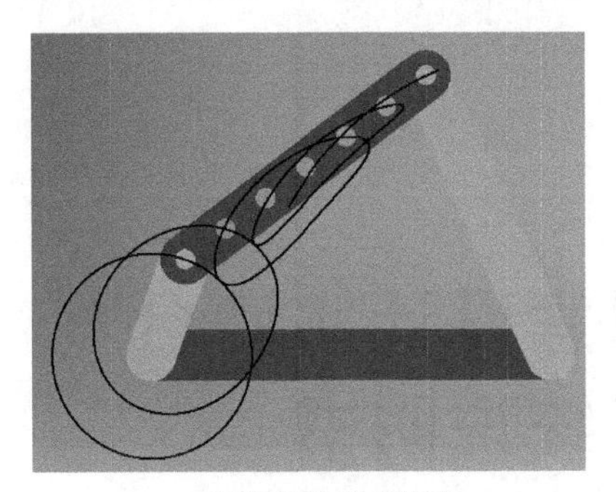

(a) 选取点的运动轨迹

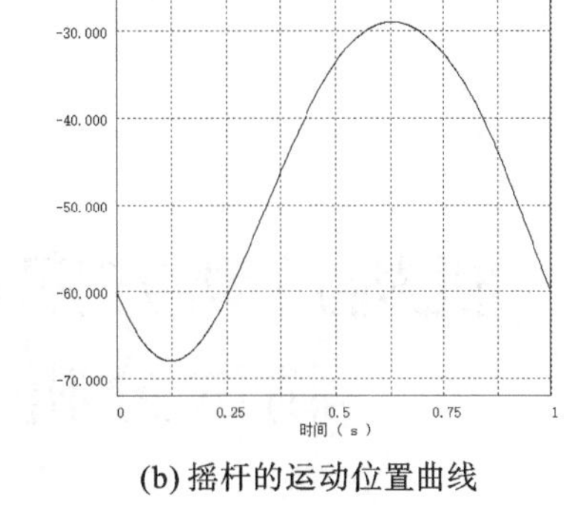

(b) 摇杆的运动位置曲线

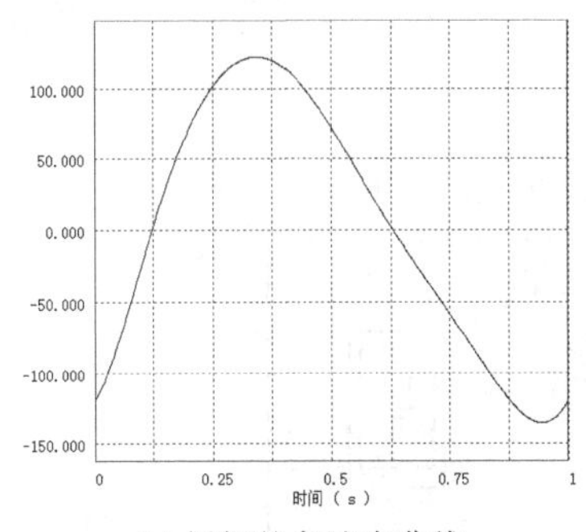

(c) 摇杆的角速度曲线

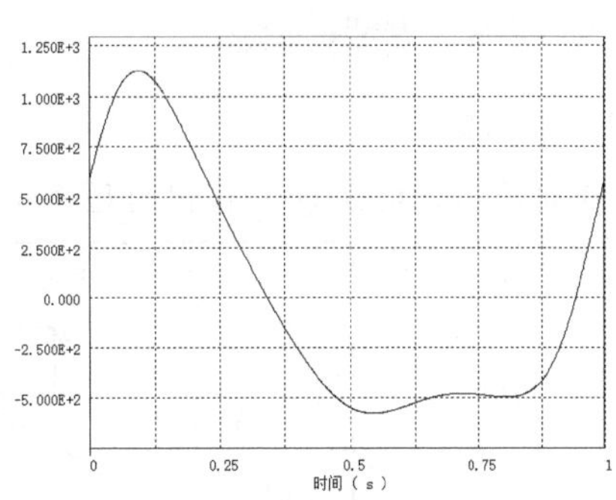

(d) 摇杆的角加速度曲线

图 3-2-8　仿真结果

附录 3－2－2

机构运动方案创意设计实验台测试分析系统说明书

一、机箱与传感器连接

1. 机箱前面板

机箱前面板包含电源开关和状态显示屏，如图 3－2－9 所示。

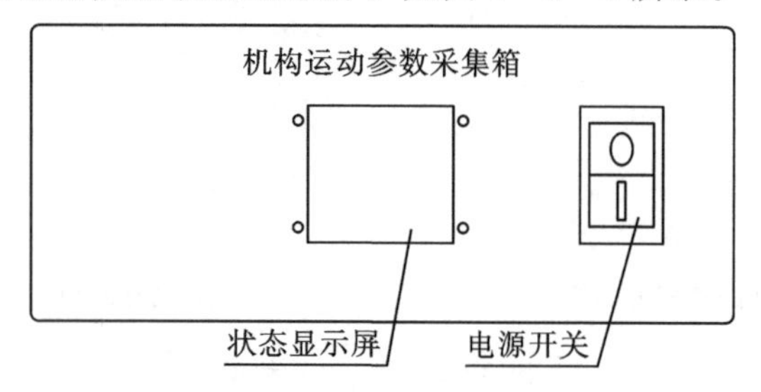

图 3－2－9　机箱前面板

2. 机箱后面板

机箱后面板如图 3－2－10 所示。

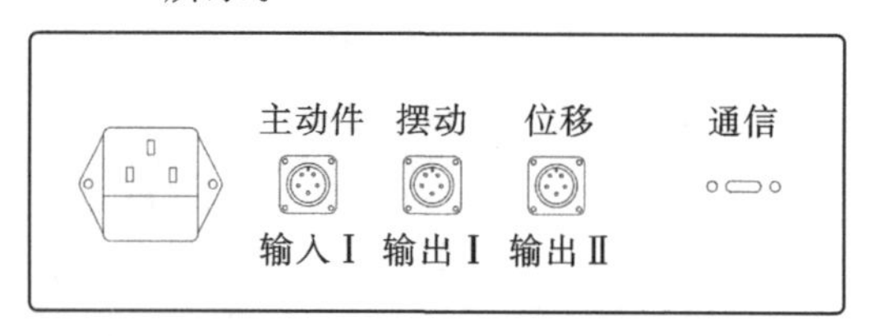

图 3－2－10　机箱后面板

主动件/输入Ⅰ：插脉冲为 360 p/r 旋转编码器（编码器标签上有脉冲数）。

摆动/输出Ⅰ：插脉冲为 1000 p/r 旋转编码器（编码器标签上有脉冲数）。

位移/输出Ⅱ：插直线位移传感器，量程 150 mm。

3. 机箱与传感器连接

传感器装到机构上后，确保其可以灵活稳定运转，然后将不同传感器连接线插到机箱后面板相应的位置。插拔式航空插座的使用方法：先将航空插头与插座通过内部小缺口对齐，然后将插头末端往里面推即可插上；捏住插头最前端往后面拔，即可拔下插头。

二、软件安装

1. 安装路径

双击软件安装包 运动规律采集系统安装程序，保持默认模式安装，软件默认安装路径：

D:\运动规律采集系统。

2. 添加仿真视频

在安装路径下找到 video 文件夹，将里面的所有视频文件全部删除，然后将配套的仿真视频文件（与软件安装包在同一个文件夹下）典型机构视频 全部复制到此文件夹下。若还需添加仿真视频文件，视频文件格式应为 MP4，文件命名方式为"XX-机构名称"，然后将视频文件放到 video 文件夹下即可。

注：如果不需要添加仿真视频，此步可以省略。

三、参数采集

1. 传感器连接

确保传感器都与机箱正确连接，并用数据线将机箱后面板上"通信"端口与计算机连接，然后打开机箱电源开关。

2. 软件连接

双击打开"运动规律采集系统"软件，等机箱上"状态显示屏"加载完成后，软件界面最下方状态栏会显示"已连接"，如图 3－2－11 所示。

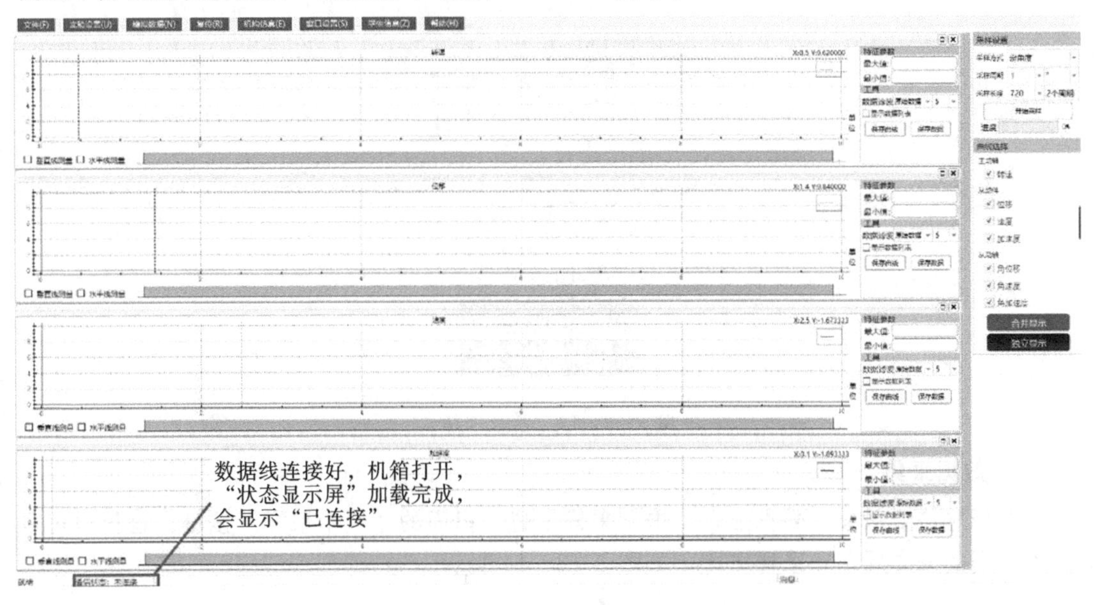

图 3－2－11　"运动规律采集系统"软件界面

3. 运行机构

打开机构电源，使机构稳定运转。

4. 参数设置

根据连接的传感器类型，在"曲线选择"窗口选择需要采集的数据。

（1）若机箱只连接了"主动件"和"摆动"传感器，只选"主动轴"和"从动轴"下面的参数，如图 3－2－12 所示。

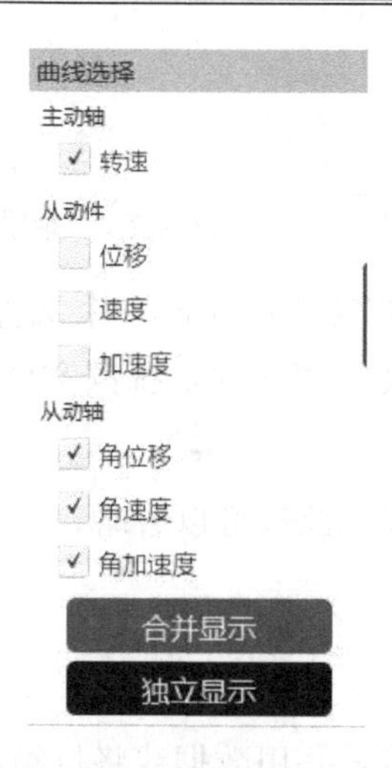

图 3-2-12　参数选择一

(2) 若机箱连接了“主动件”“摆动”“位移”三个传感器，则参数全选，如图 3-2-13 所示。

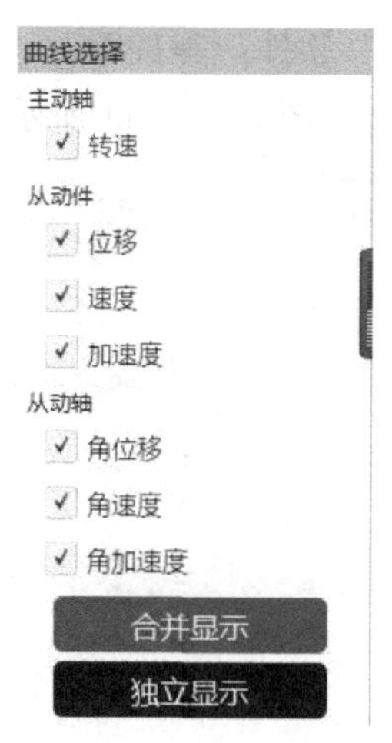

图 3-2-13　参数选择二

5. 数据采集

选择好需要采集的数据后，点击“采样设置”里面的“开始采样”按键，这里也可以设置不同的采样周期和采样方式，如图 3-2-14 所示。

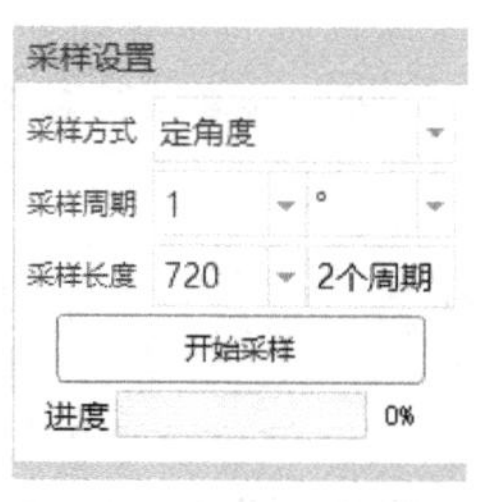

图 3-2-14　采样设置

6. 数据显示

(1) 本系统提供“合并显示”和“独立显示”两种显示方式，默认选择“独立显示”。显示结果如图 3-2-15 和图 3-2-16 所示。

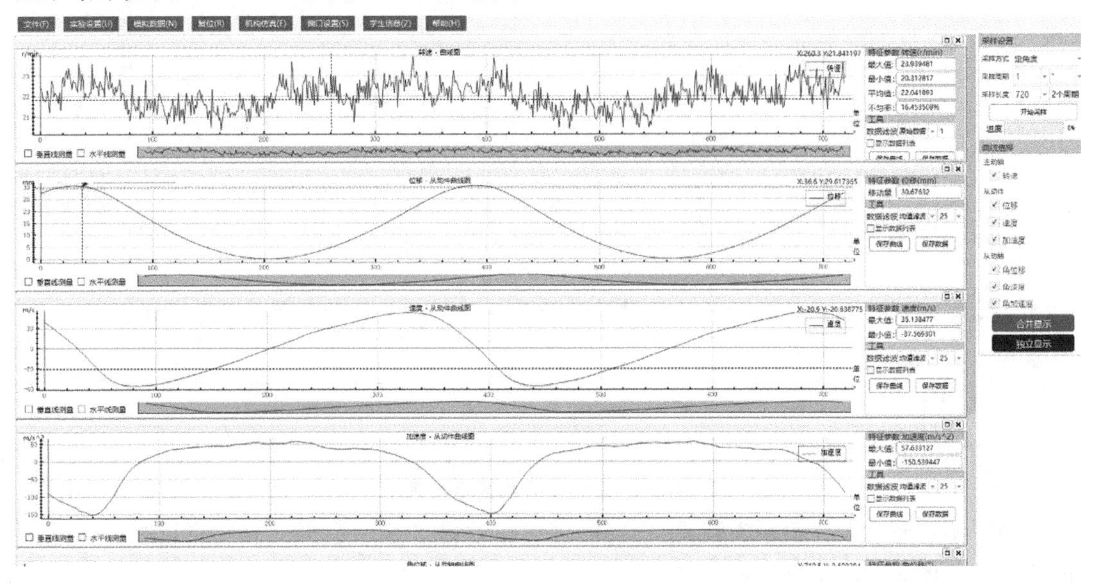

图 3-2-15　独立显示

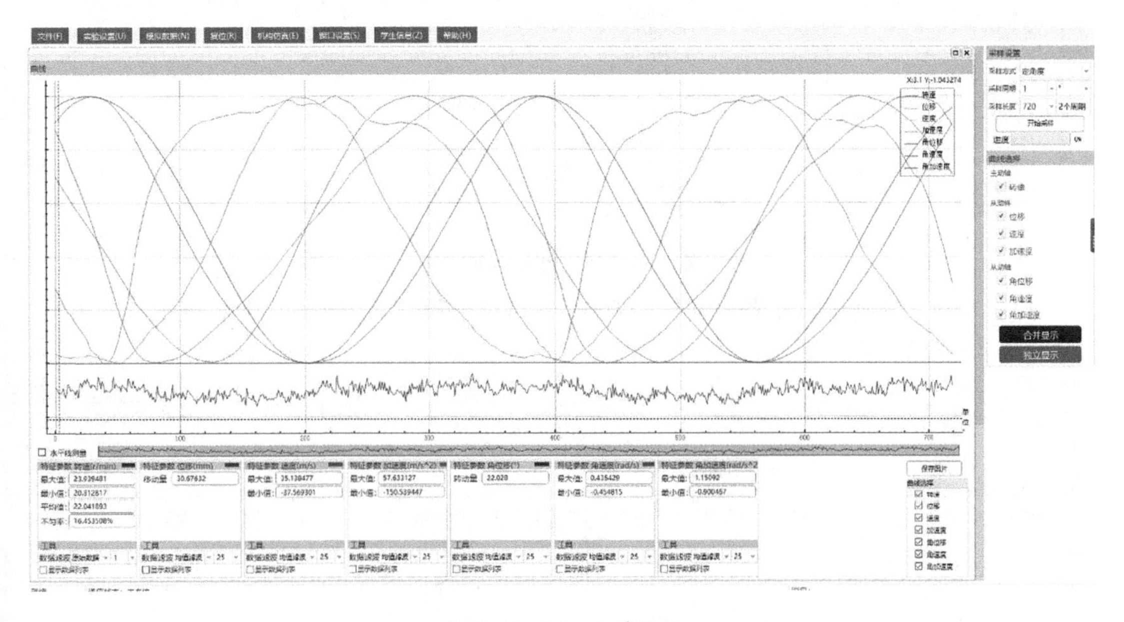

图 3-2-16　合并显示

(2) 采集完成后，在“曲线选择”中选择需要显示的不同曲线，然后再点击“合并显示”或“独立显示”，可以只显示对应的曲线，方便不同曲线之间的比较。例如只选择“转速”“位移”“角位移”，然后再点“合并显示”，结果如图 3-2-17 所示。

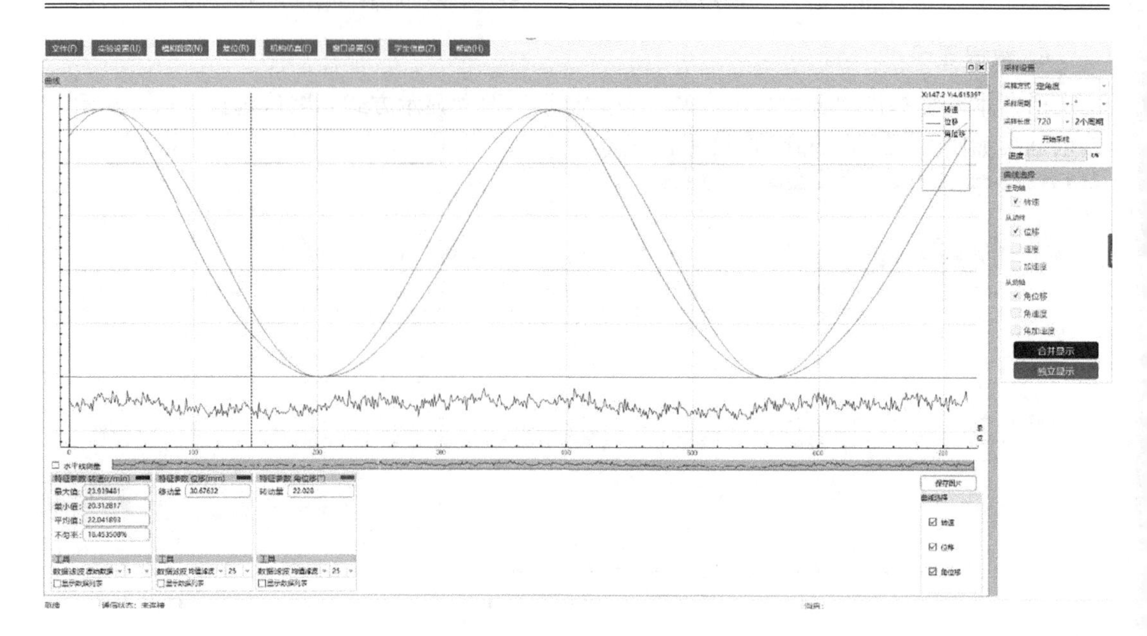

图 3-2-17　曲线显示结果

(3) 不管是“独立显示”还是“合并显示”，选择“显示数据列表”可以显示采集到的数据，如图 3-2-18 所示。

☐ 水平线测量

数据列表	
1	22.455762
2	22.284619
3	21.898130
4	21.898130
5	21.760892
6	21.878009
7	22.326413
8	21.817864
9	21.231423
10	21.889502

特征参数 转速(r/min)
最大值: 23.939481
最小值: 20.312817
平均值: 22.041893
不匀率: 16.453508%
工具
数据滤波 原始数据 1
☑显示数据列表

数据列表	
1	27.654741
2	27.848971
3	28.029375
4	28.217707
5	28.394583
6	28.561017
7	28.719136
8	28.879915
9	29.034457
10	29.187259

特征参数 位移(mm)
移动量 30.67632
工具
数据滤波 均值滤波 25
☑显示数据列表

数据列表	
1	-0.084000
2	-0.012000
3	0.056000
4	0.124000
5	0.188000
6	0.248000
7	0.304000
8	0.360000
9	0.412000
10	0.460000

特征参数 角位移(°)
转动量 22.028
工具
数据滤波 均值滤波 25
☑显示数据列表

图 3-2-18　显示数据列表

(4) 在每个曲线窗口中都有“保存曲线”按键，点击此按键可以单独保存某条曲线，如图 3-2-19 所示。

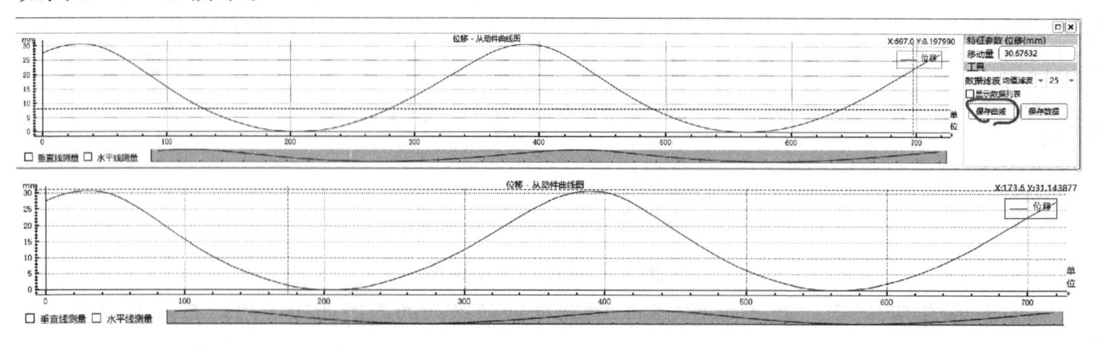

图 3-2-19　保存曲线

（5）选择“窗口设置”中的显示方式，可以不同方式显示曲线窗口，如图 3－2－20 所示。

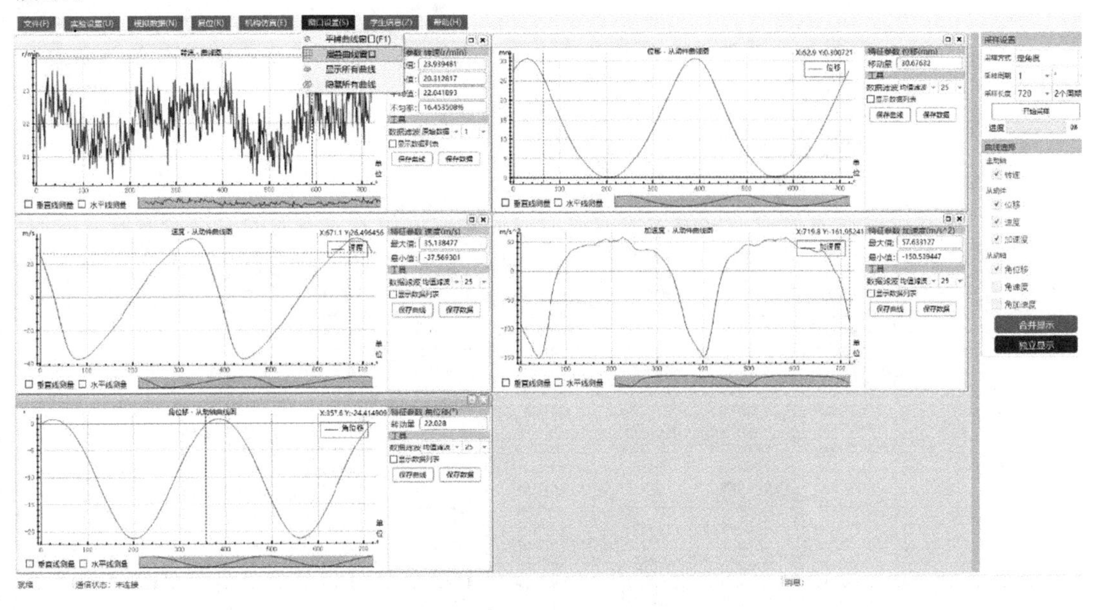

图 3－2－20　窗口设置

7. 保存结果

点击“文件”菜单中的不同选项，可以保存不同的结果，如图 3－2－21 所示。

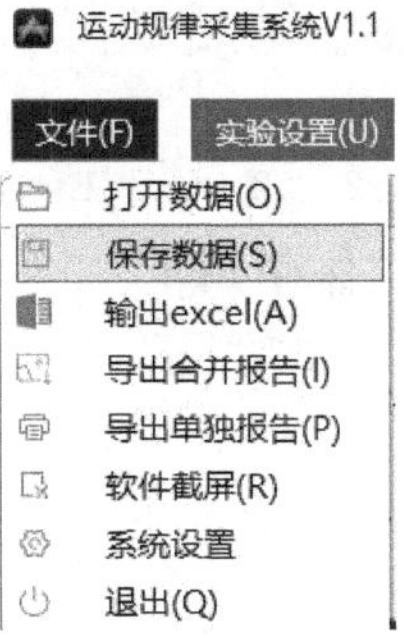

运动规律采集系统V1.1

文件(F)　实验设置(U)

打开数据(O)
保存数据(S)
输出excel(A)
导出合并报告(I)
导出单独报告(P)
软件截屏(R)
系统设置
退出(Q)

图 3－2－21　保存结果

（1）保存数据：保存的数据只可以通过本软件打开。

（2）输出 Excel 表格：可以将采集到的数据以 Excel 表格的格式保存，如图 3－2－22 所示。

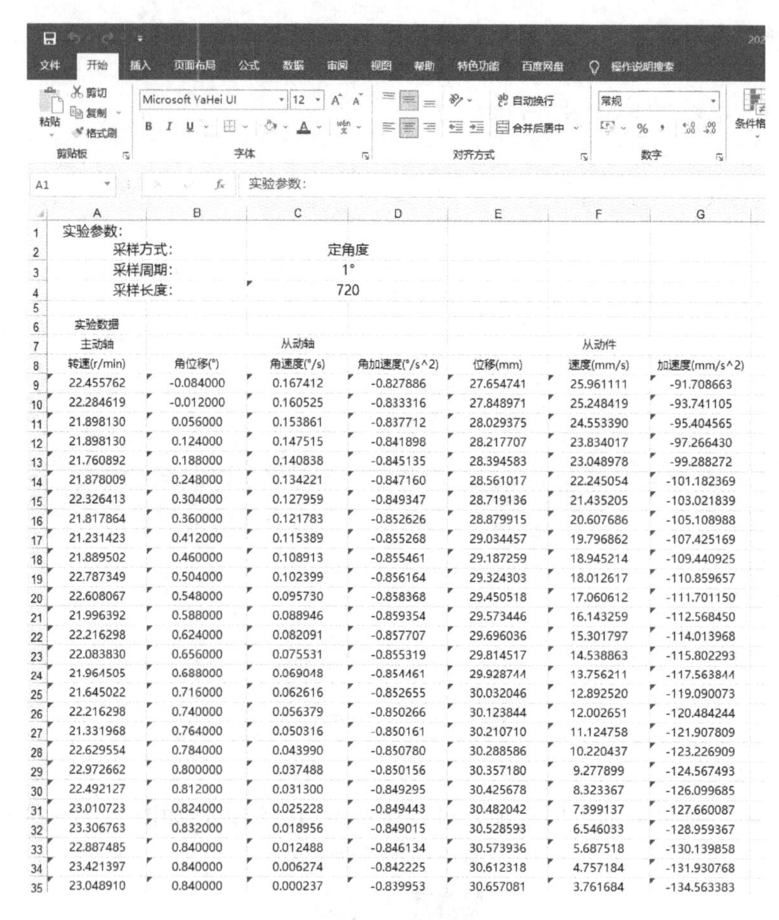

	A	B	C	D	E	F	G
1	实验参数:						
2	采样方式:		定角度				
3	采样周期:		1°				
4	采样长度:		720				
5							
6	实验数据						
7	主动轴		从动轴			从动件	
8	转速(r/min)	角位移(°)	角速度(°/s)	角加速度(°/s^2)	位移(mm)	速度(mm/s)	加速度(mm/s^2)
9	22.455762	-0.084000	0.167412	-0.827886	27.654741	25.961111	-91.708663
10	22.284619	-0.012000	0.160525	-0.833316	27.848971	25.248419	-93.741105
11	21.898130	0.056000	0.153861	-0.837712	28.029375	24.553390	-95.404565
12	21.898130	0.124000	0.147515	-0.841898	28.217707	23.834017	-97.266430
13	21.760892	0.188000	0.140838	-0.845135	28.394583	23.048978	-99.288272
14	21.878009	0.248000	0.134221	-0.847160	28.561017	22.245054	-101.182369
15	22.326413	0.304000	0.127959	-0.849347	28.719136	21.435205	-103.021839
16	21.817864	0.360000	0.121783	-0.852626	28.879915	20.607686	-105.108988
17	21.231423	0.412000	0.115389	-0.855268	29.034457	19.796862	-107.425169
18	21.889502	0.460000	0.108913	-0.855461	29.187259	18.945214	-109.440925
19	22.787349	0.504000	0.102399	-0.856164	29.324303	18.012617	-110.859657
20	22.608067	0.548000	0.095730	-0.858368	29.450518	17.060612	-111.701150
21	21.996392	0.588000	0.088946	-0.859354	29.573446	16.143259	-112.568450
22	22.216298	0.624000	0.082091	-0.857707	29.696036	15.301797	-114.013968
23	22.083830	0.656000	0.075531	-0.855319	29.814517	14.538863	-115.802293
24	21.964505	0.688000	0.069048	-0.854461	29.928744	13.756211	-117.563844
25	21.645022	0.716000	0.062616	-0.852655	30.032046	12.892520	-119.090073
26	22.216298	0.740000	0.056379	-0.850266	30.123844	12.002651	-120.484244
27	21.331968	0.764000	0.050316	-0.850161	30.210710	11.124758	-121.907809
28	22.629554	0.784000	0.043990	-0.850780	30.288586	10.220437	-123.226909
29	22.972662	0.800000	0.037488	-0.850156	30.357180	9.277899	-124.567493
30	22.492127	0.812000	0.031300	-0.849295	30.425678	8.323367	-126.099685
31	23.010723	0.824000	0.025228	-0.849443	30.482042	7.399137	-127.660087
32	23.306763	0.832000	0.018956	-0.849015	30.528593	6.546033	-128.959367
33	22.887485	0.840000	0.012488	-0.846134	30.573936	5.687518	-130.139858
34	23.421397	0.840000	0.006274	-0.842225	30.612318	4.757184	-131.930768
35	23.048910	0.840000	0.000237	-0.839953	30.657081	3.761684	-134.563383

图 3-2-22 输出 Excel 表格

（3）导出合并报告：有“打印”“保存 PDF”“保存图片”三种方式，实验报告中曲线以“合并显示”形式输出，如图 3-2-23 所示。

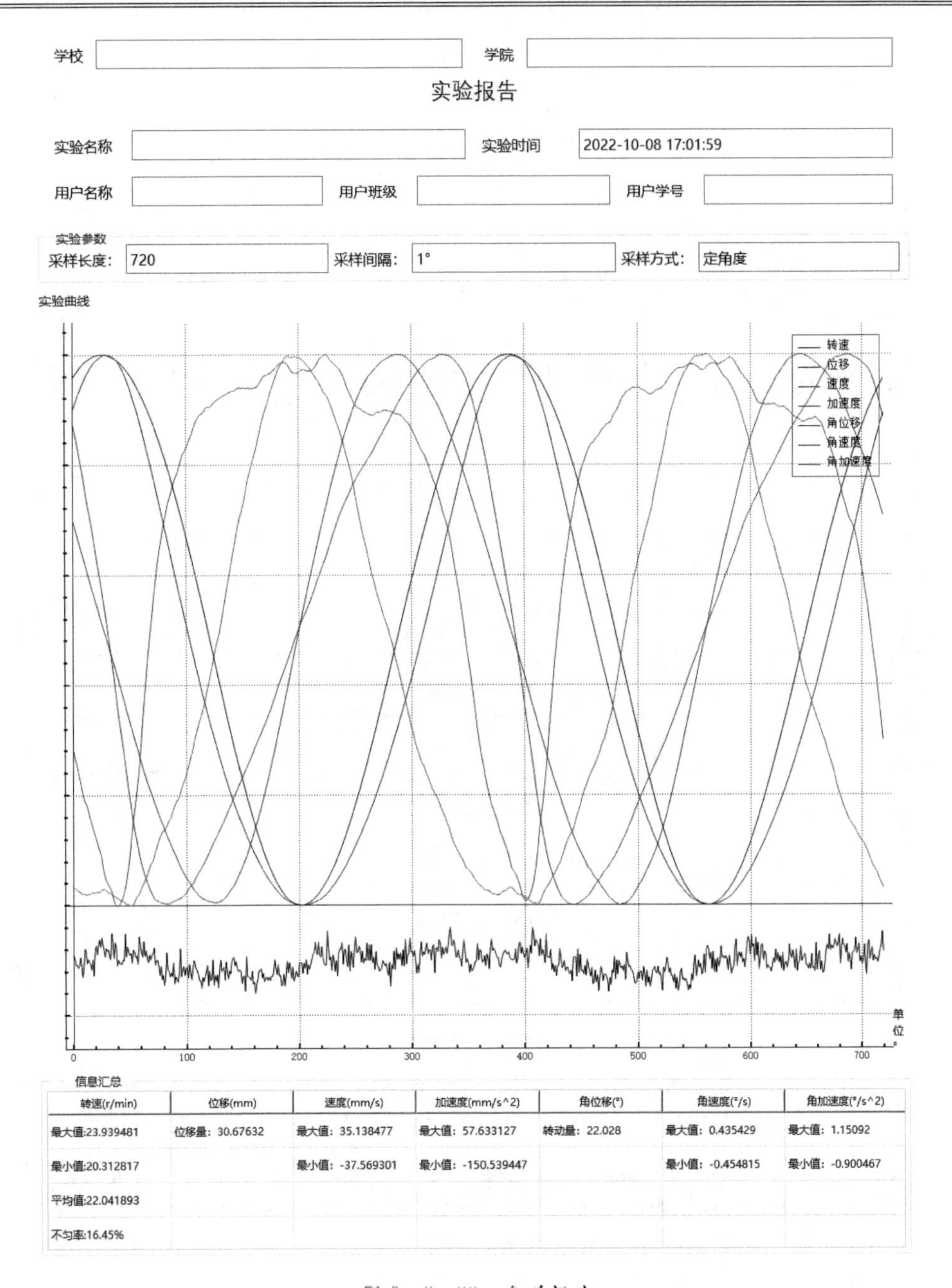

学校 　　学院

实验报告

实验名称 　　实验时间 2022-10-08 17:01:59

用户名称 　　用户班级 　　用户学号

实验参数

采样长度: 720 　　采样间隔: 1° 　　采样方式: 定角度

实验曲线

信息汇总

转速(r/min)	位移(mm)	速度(mm/s)	加速度(mm/s^2)	角位移(°)	角速度(°/s)	角加速度(°/s^2)
最大值:23.939481	位移量: 30.67632	最大值: 35.138477	最大值: 57.633127	转动量: 22.028	最大值: 0.435429	最大值: 1.15092
最小值:20.312817		最小值: -37.569301	最小值: -150.539447		最小值: -0.454815	最小值: -0.900467
平均值:22.041893						
不匀率:16.45%						

图 3-2-23　合并报告

(4) 导出单独报告：有“打印”“保存 PDF”“保存图片”三种方式，实验报告中曲线以“独立显示”形式输出，如图 3-2-24 所示。

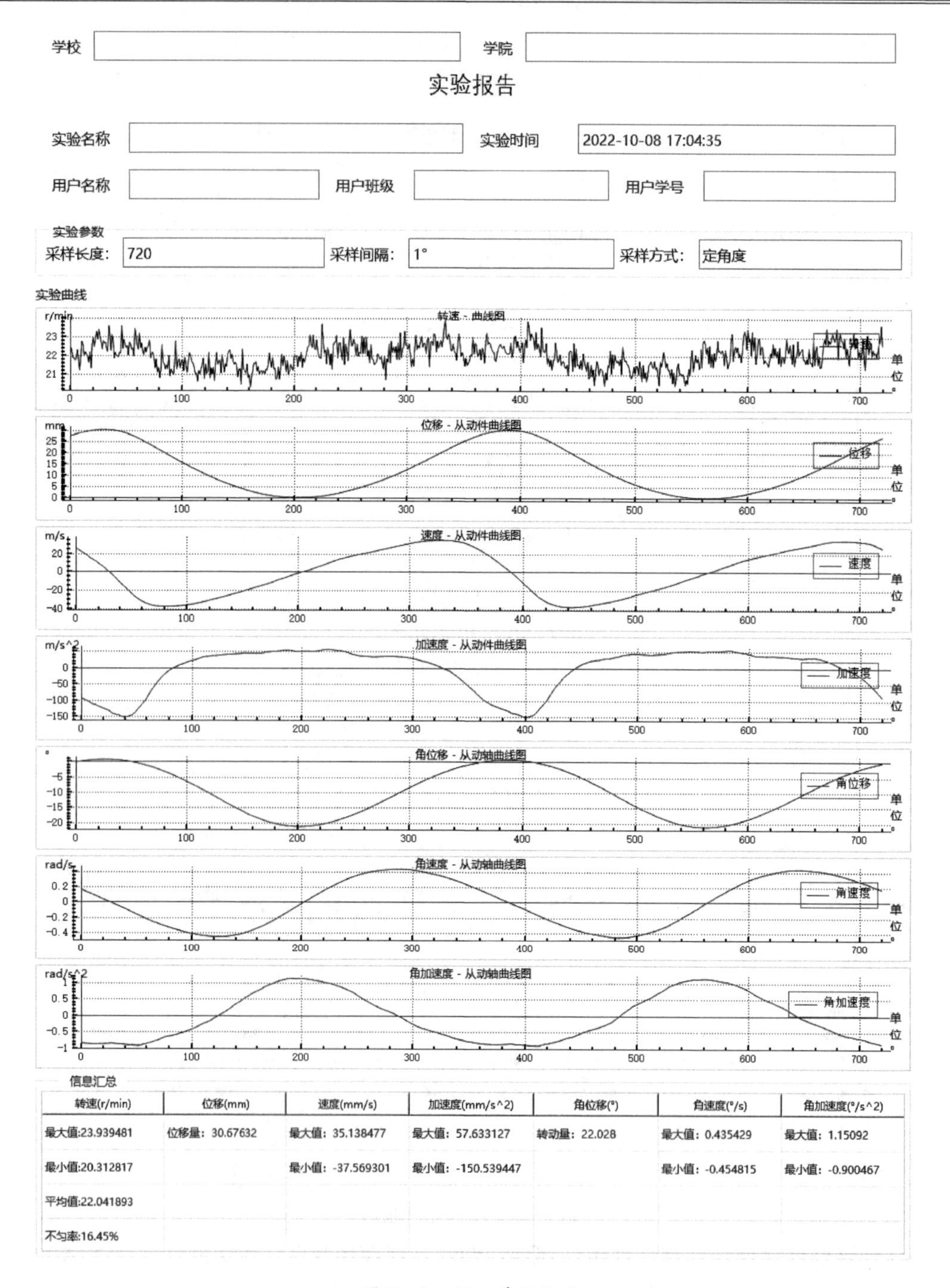

学校 学院

实验报告

实验名称 实验时间 2022-10-08 17:04:35

用户名称 用户班级 用户学号

实验参数

采样长度：720 采样间隔：1° 采样方式：定角度

实验曲线

信息汇总

转速(r/min)	位移(mm)	速度(mm/s)	加速度(mm/s^2)	角位移(°)	角速度(°/s)	角加速度(°/s^2)
最大值:23.939481	位移量：30.67632	最大值：35.138477	最大值：57.633127	转动量：22.028	最大值：0.435429	最大值：1.15092
最小值:20.312817		最小值：-37.569301	最小值：-150.539447		最小值：-0.454815	最小值：-0.900467
平均值:22.041893						
不匀率:16.45%						

图 3-2-24 单独报告

(5) 软件截屏：以截屏方式，截取软件界面任意位置进行保存。

四、注意事项

(1) 请勿在打开电源的情况下，进行数据线和传感器线的插拔。

(2) 实验完毕后，请关闭电源。

附件 3－2－3

机器功能驱动的机构优化设计与评价综合实验报告

＿＿＿＿＿＿机构设计

班级：＿＿＿＿＿＿

组长：＿＿＿＿＿＿　　学号：＿＿＿＿＿＿

组员：＿＿＿＿＿＿　　学号：＿＿＿＿＿＿

＿＿＿＿＿＿　　学号：＿＿＿＿＿＿

＿＿＿＿＿＿　　学号：＿＿＿＿＿＿

＿＿＿＿＿＿　　学号：＿＿＿＿＿＿

成绩：＿＿＿＿＿＿

目　录

一、设计简介

二、创新性分析

三、方案设计

（根据功能需求，阐明机构设计方案，绘制机构运动简图。）

四、运动仿真分析/理论求解

（对设计出的机构利用相关软件进行运动仿真或理论求解，二选一即可，并附上机构运动特性解析曲线。）

五、机构搭接

（附机构搭接实物照片，对实物进行自由度计算。）

六、结果对比分析

（将仿真结果或解析解与机构搭接实验台的测试结果进行对比分析。）

七、感想与体会

（总结实验中遇到的问题、收获和心得体会。可附上对本实验今后如何更好开展的建议和设想。）

八、组员贡献度

班级	组别	姓名	学号	贡献度	说明

注：贡献度是指该学生在本实验中的贡献程度，由各组学生自行商议并说明贡献度分配理由。贡献度分配原则：学生个人贡献度根据实验情况由小组内自行分配，并保证组内成员贡献度之和为 5（5 人一组总分为 5），个人实验成绩＝小组成绩×个人贡献度（总分＞100 分，按 100 分计）。

3.3　轴系结构设计与组装

培养目标：培养学生结构分析与设计的能力。

实验性质：综合设计型。

实验内容：根据轴系不同功能要求，进行轴系结构多种方案设计，根据设计方案进行建模分析并完成组装。

3.3.1　实验项目任务书

1. 实验设备

(1) 模块化轴系搭接套件：可实现多种方案组合的基本轴段，以及轴系常用的零件如轴套、轴承、端盖、密封件、机架等。

(2) 测量与装拆工具。

(3) 思维导图软件。

2. 实验目的

(1) 了解机械传动装置中滚动轴承组合支承轴系结构的基本类型和应用场合。（注：后文滚动轴承组合支承轴系结构简称为轴系结构）

(2) 根据各种不同的工作条件，初步掌握轴系结构设计的基本方法。

(3) 以三维建模软件设计不同轴系结构，熟悉和掌握多种轴系结构，掌握轴上零件的多种定位方法。

(4) 组装模块化轴系实物，进一步掌握轴系结构中轴系的润滑和密封等知识。

3. 实验内容

(1) 查阅文献并撰写综述。

要求：查找轴系或轴系零件的设计、结构、加工、应用及发展等相关内容（既要有基本知识的介绍，也要有前沿的科学研究方面内容），选一个或者多个方面调研（例如轴承、齿轮、联轴器等）；严格按照综述格式进行撰写，不少于 3000 字；参考文献不得少于 20 篇，其中近 5 年文献不得少于 10 篇。

(2) 参观轴系展板、零件陈列室及轴系实验室。

初步了解机械传动装置中轴系结构的基本类型和应用场合，选定实验室某一种轴系设备，对其中不同种类的零件进行测量、拍照、三维建模、绘制二维工程图，并将该轴系模型中的相关零件用思维导图的形式表示。导图中包括：零件名称、零件照片、零件的功能、零件的三维模型图、零件的二维工程图等。

(3) 根据一种工作条件设计轴系结构，并用三维建模软件分析。

选定实验室现有轴系设备（见附录 3-3-1 中的表 3-3-2 至表 3-3-7），根据表格清点零件，并用三维建模软件分析，如图 3-3-1 所示，撰写实验报告（报告模板见附录 3-3-2）。

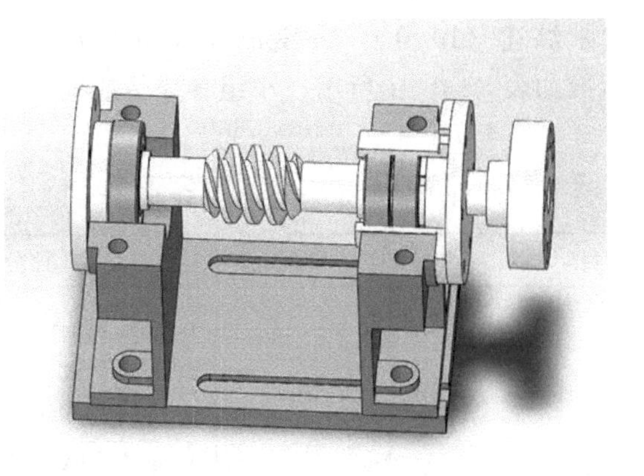

图 3-3-1　轴系结构的三维模型

（4）利用模块化轴系搭接套件进行实物组装，并绘制工程图。

选择较为合理的一种轴系结构方案，利用模块化轴系搭接套件进行组装，绘制轴系装配图。（注：装配图采用 1∶1 比例绘制在 A3 图纸上，符合制图标准，标注主要零件的配合尺寸，每人绘制一张。）

4. 实验要求

（1）实验以组为单位，每组 5 人，每组提交一份文献综述、三维模型源文件及实验报告（见附录 3-3-2），且手绘的轴系结构装配图需每人提交一份。

（2）轴系结构设计实验装置零件明细表（见附录 3-3-1）中，绘出了阶梯轴、轴上零件及套筒等有关轴系结构的零件参数，请各组根据零件参数建立三维模型并进行虚拟装配。

（3）三维建模之前，可到实验室参观轴系展板、零件陈列室及轴系实验室，了解实验原理和实体结构。

5. 思考题

（1）为什么轴通常要做成中间大两头小的阶梯形状？如何区分轴上的轴颈、轴头和轴身等各轴段，它们的尺寸是如何确定的，对轴段的过渡部分和轴肩结构有何要求？

（2）采用什么类型轴承，选择的根据是什么？不同类型轴承的布置和安装方式有何特点？

（3）轴系固定方式是用“两端固定”还是用“一端固定、一端游动”，为什么？如何处理轴的受热伸长问题？

（4）传动零件和轴承采用何种润滑方式？轴承采用何种密封装置，各有何特点？

6. 参考资料

[1] 陈晓南，杨培林．机械设计基础[M]．4 版．北京：科学出版社，2023。

3.3.2　评价标准

综合性实验的考核包括综合评分和小组评分。综合评分评出的是小组成绩，由指导教师依据实验过程、实验报告及答辩成绩给出；小组评分是由学生小组内部互评确定个人得分。

综合评分包括：文献综述（10 分），方案设计（70 分），实验报告（10 分），答辩（10 分）。各部分评分标准如表 3-3-1 所示。小组各成员成绩＝小组成绩×个人贡献度。

表 3-3-1　实验评分标准

项目	分值	评分标准
文献综述	10	1. 格式规范（2）； 2. 选题合适（2）； 3. 调研充分（4）； 4. 参考文献>20 篇（2）
方案设计	70	1. 三维模型（20）； 2. 装配图（40）； 3. 轴系搭接（10）
实验报告	10	1. 格式规范（2）； 2. 心得体会（2）； 3. 内容完整充实（6）
答辩	10	1. 内容描述完整（3）； 2. 条理清晰（2）； 3. 回答问题正确（5）

附录 3-3-1

表 3-3-2 轴系结构设计实验装置零件明细表（方案 3-1）

轴端轴模块	直径/mm	22		30		小计
	长度/mm	36	66	20	24	
	键	√	√			
	挡圈槽				√	
	个数	1	1	1	1	4

中间轴模块	直径/mm	27			30				36	42	小计
	长度/mm	30	39	43	32	32	34	38	5	5	
	螺纹				√	√					
	止动舌槽	√				√					
	挡圈槽							√			
	个数	1	1	1	1	1	1	1	2	2	11

套筒	大外径/mm	27	35	62	小计
	内径/mm	22	30	56	
	长度/mm	30	2.5	2.5	
	个数	1	1	1	3

端盖	外圆直径/mm	112			小计
	配合直径/mm	62		72	
	轴孔直径/mm	22	27	0	
	个数	1	1	1	3

	名称	规格	件数
其他非标准件	轴承座（宽度、孔径、槽、凸肩）	Φ72 mm	2
	蜗杆		1
	套杯（外径、内径、挡边）	Φ112 mm×Φ72 mm×Φ62 mm（带内凸肩、无内凸肩各 1 个）	2
	联轴器（圆柱轴孔孔径、圆锥轴孔）	Φ90 mm×Φ22 mm	1
	调整垫片（孔径）	Φ112 mm×Φ72 mm，2 组；Φ112 mm×Φ62 mm，1 组	3 组
	轴模块联接螺栓（长度）	L = 237 mm	1
	底板（长度）	L = 230 mm	1
	小计		11

	名称	规格	件数
标准件	轴承	6306，1 个；7206，2 个	3
	轴用弹性挡圈	30 mm	2
	T 形槽螺钉、螺母	M12，2 套	4
	螺钉	M8×30 mm，M8×20 mm 各 3 个	6
	圆螺母、止动垫圈	M30×1.5 mm，1 套	2
	双头螺柱、螺母	M12，2 套	4
	小计		21

注：键、密封毡圈未计入，带螺纹的轴段长度指光轴段长度；总零件数 53。

表 3-3-3　轴系结构设计实验装置零件明细表（方案 3-2）

轴端轴模块	直径/mm	22		30		小计
	长度/mm	36	66	20	24	
	键	√	√			
	挡圈槽				√	
	个数	1	1	1	1	4

中间轴模块	直径/mm	27			30				36	42	小计
	长度/mm	30	39	43	32	32	34	38	5	5	
	螺纹				√	√					
	止动舌槽	√				√					
	挡圈槽							√			
	个数	1	1	1	1	1	1	1	2	2	11

套筒	大外径/mm	27	35	62	72	小计
	内径/mm	22	30	56	66	
	长度/mm	30	2.5	2.5	7	
	个数	1	1	1	1	4

端盖	外圆直径/mm	112			小计
	配合直径/mm	62		72	
	轴孔直径/mm	22	27	0	
	个数	1	1	1	3

	名称	规格	件数
其他非标准件	轴承座（宽度、孔径、槽、凸肩）	Φ72 mm，2 个；带垫圈槽 1 个	3
	蜗杆		1
	套杯（外径、内径、挡边）	Φ112 mm×Φ72 mm×Φ62 mm（带内凸肩、无内凸肩各 1 个）	2
	联轴器（圆柱轴孔孔径、圆锥轴孔）	Φ90 mm×Φ22 mm	1
	调整垫片（孔径）	Φ112 mm×Φ72 mm，2 组；Φ112 mm×Φ62 mm，1 组	3 组
	轴模块联接螺栓（长度）	L = 237 mm	1
	底板（长度）	L = 230 mm	1
	小计		12

	名称	规格	件数
标准件	轴承	N306，1 个；7206，2 个	3
	轴用弹性挡圈	30 mm	2
	孔用弹性挡圈	72 mm	1
	T 形槽螺钉、螺母	M12，2 套	4
	螺钉	M8×30 mm，M8×20 mm 各 3 个	6
	圆螺母、止动垫圈	M30×1.5 mm，1 套	2
	双头螺柱、螺母	M12，2 套	4
	小计		22

注：键、密封毡圈未计入，带螺纹的轴段长度指光轴段长度；总零件数 56。

表 3－3－4　轴系结构设计实验装置零件明细表（方案 3－3）

轴端轴模块	直径/mm	22		30		小计
	长度/mm	36	66	20	24	
	键	√	√			
	挡圈槽				√	
	个数	1	1	1	1	4

中间轴模块	直径/mm	27			30				36	42	小计
	长度/mm	30	41	45	30	30	32	36	5	5	
	螺纹				√	√					
	止动舌槽	√				√					
	挡圈槽							√			
	个数	1	1	1	1	1	1	1	2	2	11

套筒	大外径/mm	27	小计
	内径/mm	22	
	长度/mm	30	
	个数	1	1

端盖	外圆直径/mm	112			小计
	配合直径/mm	62		72	
	轴孔直径/mm	22	27	0	
	个数	1	1	1	3

	名称	规格	件数
其他非标准件	轴承座（宽度、孔径、槽、凸肩）	Φ72 mm	2
	蜗杆		1
	套杯（外径、内径、挡边）	Φ112 mm×Φ72 mm×Φ62 mm（带内凸肩、无内凸肩各 1 个）	2
	联轴器（圆柱轴孔孔径、圆锥轴孔）	Φ90 mm×Φ22 mm	1
	调整垫片（孔径）	Φ112 mm×Φ72 mm，2 组；Φ112 mm×Φ62 mm，1 组	3 组
	轴模块联接螺栓（长度）	L = 237 mm	1
	底板（长度）	L = 230 mm	1
	小计		11

	名称	规格	件数
标准件	轴承	6306，1 个；30206，2 个	3
	轴用弹性挡圈	30 mm	2
	T 形槽螺钉、螺母	M12，2 套	4
	螺钉	M8×30 mm，M8×20 mm 各 3 个	6
	圆螺母、止动垫圈	M30×1.5 mm，1 套	2
	双头螺柱、螺母	M12，2 套	4
	小计		21

注：键、密封毡圈未计入，带螺纹的轴段长度指光轴段长度；总零件数 51。

表 3-3-5 轴系结构设计实验装置零件明细表（方案 3-4）

轴端轴模块	直径/mm	22		30		小计
	长度/mm	36	66	20	24	
	键	√	√			
	挡圈槽				√	
	个数	1	1	1	1	4

中间轴模块	直径/mm	27			30				36	42	小计
	长度/mm	30	39	43	32	32	34	38	5	5	
	螺纹				√	√					
	止动舌槽	√				√					
	挡圈槽							√			
	个数	1	1	1	1	1	1	1	2	2	11

套筒	大外径/mm	27	72	小计
	内径/mm	22	66	
	长度/mm	30	7	
	个数	1	1	2

端盖	外圆直径/mm	112			小计
	配合直径/mm	62		72	
	轴孔直径/mm	22	27	0	
	个数	1	1	1	3

	名称	规格	件数
其他非标准件	轴承座（宽度、孔径、槽、凸肩）	Φ72 mm，2 个；带垫圈槽 1 个	3
	蜗杆		1
	套杯（外径、内径、挡边）	Φ112 mm×Φ72 mm×Φ62 mm（带内凸肩、无内凸肩各 1 个）	2
	联轴器（圆柱轴孔孔径、圆锥轴孔）	Φ90 mm×Φ22 mm	1
	调整垫片（孔径）	Φ112 mm×Φ72 mm，2 组；Φ112 mm×Φ62 mm，1 组	3 组
	轴模块联接螺栓（长度）	L = 237 mm	1
	底板（长度）	L = 230 mm	1
	小计		12

	名称	规格	件数
标准件	轴承	N306，1 个；30206，2 个	3
	轴用弹性挡圈	30 mm	2
	孔用弹性挡圈	72 mm	1
	T 形槽螺钉、螺母	M12，2 套	4
	螺钉	M8×30 mm，M8×20 mm 各 3 个	6
	圆螺母、止动垫圈	M30×1.5 mm，1 套	2
	双头螺柱、螺母	M12，2 套	4
	小计		22

注：键、密封毡圈未计入，带螺纹的轴段长度指光轴段长度；总零件数 54。

表 3－3－6　轴系结构设计实验装置零件明细表（方案 3－5）

轴端轴模块	直径/mm	22	30					小计
	长度/mm	38	14	14	17	18	22	
	键	√						
	螺纹		√	√	√			
	止动舌槽			√	√			
	挡圈槽						√	
	个数	1	1	1	1	1	1	6

中间轴模块	直径/mm	20	25	30				36	小计
	长度/mm	40	40	14	22	27	40	5	
	螺纹			√					
	止动舌槽			√					
	挡圈槽				√				
	个数	1	1	1	1	1	1	2	8

套筒	大外径/mm	62	小计
	内径/mm	56	
	长度/mm	14	
	个数	1	1

端盖	外圆直径/mm	112				小计
	配合直径/mm	62				
	轴孔直径/mm	0	21	26	30	
	个数	1	1	1	1	4

	名称	规格	件数
其他非标准件	轴承座（宽度、孔径、槽、凸肩）	Φ62 mm，2 个； Φ62 mm 有凸肩 1 个（宽 44 mm）	3
	蜗杆		1
	联轴器（圆柱轴孔孔径、圆锥轴孔）	Φ90 mm×Φ20 mm	1
	调整垫片（孔径）	Φ112 mm×Φ62 mm	2 组
	轴模块联接螺栓（长度）	L = 220 mm	1
	底板（长度）	L = 230 mm	1
	小计		9

	名称	规格	件数
标准件	轴承	6206	2
	轴用弹性挡圈	30 mm	1
	T 形槽螺钉、螺母	M12，2 套	4
	螺钉	M8×20 mm	6
	圆螺母、止动垫圈	M30×1.5 mm，1 套	2
	双头螺柱、螺母	M12，2 套	4
	小计		19

注：键、密封毡圈未计入，带螺纹的轴段长度指光轴段长度；总零件数 47。

表 3－3－7　轴系结构设计实验装置零件明细表（方案 3－6）

轴端轴模块	直径/mm	22	30					小计
	长度/mm	38	14	14	17	18	22	
	键	√						
	螺纹		√	√	√			
	止动舌槽			√	√			
	挡圈槽						√	
	个数	1	1	1	1	1	1	6

中间轴模块	直径/mm	20	25	30				36	小计
	长度/mm	40	40	14	22	27	40	5	
	螺纹			√					
	止动舌槽			√					
	挡圈槽				√				
	个数	1	1	1	1	1	1	2	8

套筒	大外径/mm	62		小计
	内径/mm	56	56	
	长度/mm	12	14	
	个数	1	1	2

端盖	外圆直径/mm	112				小计
	配合直径/mm	62				
	轴孔直径/mm	0	21	26	30	
	个数	1	1	1	1	4

	名称	规格	件数
其他非标准件	轴承座（宽度、孔径、槽、凸肩）	Φ62 mm，2 个；Φ62 mm 有凸肩 1 个；Φ62 mm 带挡圈槽 1 个；宽 44 mm	4
	蜗杆		1
	联轴器（圆柱轴孔孔径、圆锥轴孔）	Φ90 mm×Φ20 mm	1
	调整垫片（孔径）	Φ112 mm×Φ62 mm	2 组
	轴模块联接螺栓（长度）	L = 220 mm	1
	底板（长度）	L = 230 mm	1
	小计		10

	名称	规　　格	件数
标准件	轴承	6206，1 个；N206，1 个	2
	轴用弹性挡圈	30 mm	1
	孔用弹性挡圈	62 mm	1
	T 形槽螺钉、螺母	M12，2 套	4
	螺钉	M8×20 mm	6
	圆螺母、止动垫圈	M30×1.5 mm，1 套	2
	双头螺柱、螺母	M12，2 套	4
	小计		20

注：键、密封毡圈未计入，带螺纹的轴段长度指光轴段长度；总零件数 50。

附录 3－3－2

轴系结构设计与组装
实验报告

班级：__________

组长：__________　学号：__________

组员：__________　学号：__________

__________　学号：__________

__________　学号：__________

__________　学号：__________

成绩：__________

目　录

一、实验目的及意义

二、实验方案设计

三、轴系实物搭建

（将组装的实物模型拍照后与三维模型对比。）

四、实验心得

（总结实验中遇到的问题、收获和心得体会。可附上对实验今后如何更好开展的建议和设想。）

五、组员贡献度

班级	组别	姓名	学号	贡献度	说明

注：贡献度是指该学生在本实验中的贡献程度，由各组学生自行商议并说明贡献度分配理由。贡献度分配原则：学生个人贡献度根据实验情况由小组内自行分配，并保证组内成员贡献度之和为 5（5 人一组总分为 5），个人实验成绩＝小组成绩×个人贡献度（总分＞100 分，按 100 分计）。

第 4 章　开放创新实验

本章主要介绍开放创新实验，旨在满足学生的个性需求，从传统的“知识传授”转变为“知识、能力、思维、素质”的综合培养，以学生的兴趣为出发点，培养其自主学习、积极探索的能力和创新意识。实验包括基于创新理论的仿生机器人机构创意设计、制作与控制，基于慧鱼的机电一体化实验，基于模块化机器人的多自由度机构装配及运动分析，机器的 Inventor 建模及运动仿真，轮式格斗机器人设计与制作、深度学习视觉格斗机器人。每一项开放创新实验以“项目”形式进行，3～4 人一组，实验考核将基于结果的定量评价与基于过程的定性评价结合起来，考核内容包括项目执行过程的实验记录、各任务节点的执行情况、挑战性问题的思考情况，以及在团队合作过程中的协作表现等。

4.1　基于创新理论的仿生机器人机构创意设计、制作与控制

开放实验类型：

■自选实验项目型　■学科竞赛型　□参与科研型

实验项目类型：

□验证性　■设计性　■综合性　■研究创新性　□其他

4.1.1　实验项目任务书

1. 实验设备

本实验设备为模块化机器人套件。

2. 实验目的

（1）了解机器人的基本理论知识，熟悉机器人的基本结构组成和工作原理，掌握行为控制的程序设计。

（2）培养创新意识及科学的思考能力。

3. 实验内容

基于机器人套件平台，完成多种机构的创意设计、制作及控制，实验主要包括以下内容：

（1）学习萃智（Theory of Inventive Problem Solving，Teoriya Resheniya Izobreatelskikh Zadatch，TRIZ）等创新理论和仿生机器人相关知识。

（2）搭建多种机器人机构。通过搭建鳄鱼嘴、会鼓掌的螃蟹、会攻击的鸭子、寻线机器人、格斗机器人、小狗、恐龙、蜘蛛王、蜥蜴、人形机器人等多种机器人，动手实践熟悉各模块的结构和功能。

（3）学习设计控制程序。

（4）发挥创造性思维，自行设计机器人，设计创意动作并制作实现。

4. 实验进度安排

第 1 周：了解实验任务。

第 2 至 4 周：查阅资料，学习相关理论，测试学习效果。学生根据兴趣从鳄鱼嘴、会鼓掌的螃蟹、会攻击的鸭子、寻线机器人、四足机器人、恐龙、蜘蛛王、人形机器人等组装例子中任选若干种进行组装，熟悉模型和软件的使用。

第 5 至 7 周：应用创新理论进行机器人创意设计，并动手将自己的创意制作出来。同时，提交创新理论读书报告。

第 8 周：撰写实验报告并答辩，要求以 PPT 的形式介绍作品，现场演示作品。

5. 实验要求

（1）本实验综合性强，涉及机械、电子、控制、信息、计算机等多学科知识，对学生的综合能力有较高的要求。因此，要求学生善于利用机、电、控知识，实验中养成“需要什么知识就去深入学习什么知识”的习惯，锻炼自己“探究性学习”的能力。

（2）要求写实验日志，详细、准确、实时地记录实验过程和研究体会。

6. 参考资料

[1] 北京博创尚和科技有限公司. 模块化机器人套件说明书[Z]. 北京：北京博创尚和科技有限公司，2017.

[2] 阿奇舒勒. 创新算法：TRIZ、系统创新和技术创造力[M]. 谭培波，茹海燕，李文玲，译. 武汉：华中科技大学出版社，2008.

4.1.2　作品图片

本实验作品如图 4－1－1 所示。

图 4－1－1　仿人机器人

4.2 基于慧鱼的机电一体化实验

开放实验类型：

■自选实验项目型 □学科竞赛型 □参与科研型

实验项目类型：

□验证性 ■设计性 ■综合性 ■研究创新性 □其他

4.2.1 实验项目任务书

1. 实验设备

本实验设备为慧鱼创意组合模型。

2. 实验目的

（1）通过实验了解机电一体化设备的组成和运行，学会分析机电系统的结构、性能，提高动手能力。

（2）对创新和创造技法有一定的了解和应用能力。

3. 实验内容

（1）学习慧鱼创意组合模型结构设计的方法。

（2）学会使用慧鱼创意组合模型控制软件。

（3）了解创新技法。

（4）分析慧鱼原有的模型，并运用创新技法改进原有设计。

（5）用慧鱼创意组合模型搭建所设计的机构，并编写相应的控制程序。

4. 实验进度安排

第 1 周：了解实验任务。

第 2 至 4 周：查阅资料，学习相关理论，测试学习效果。根据慧鱼案例进行组装，熟悉模型和软件的使用。

第 5 至 7 周：设计方案，并动手将自己的创意制作出来。同时，提交创新理论读书报告。

第 8 周：撰写实验报告并答辩，要求以 PPT 的形式介绍作品，现场演示作品。

5. 实验要求

（1）设计的机构需要具备以下特点。

①新颖性：模型的构思要新颖独特。

②实用性：模型要有一定的实际意义，最好能从生活的观察中选题。

③功能性：模型实现的功能要有一定的实用性。

④巧妙性：某些地方能够体现巧妙的构思。

（2）要求写实验日志。详细、准确、实时地记录实验过程和研究体会。

6. 参考资料

[1] 高桥诚．创造技法手册[M]．蔡林海，译．上海：上海科学普及出版社，1992.

[2] 慧鱼集团．慧鱼创意组合模型说明书[Z]．图木岭：慧鱼集团，2012.

4.2.2　作品图片

本实验作品如图 4－2－1 所示。

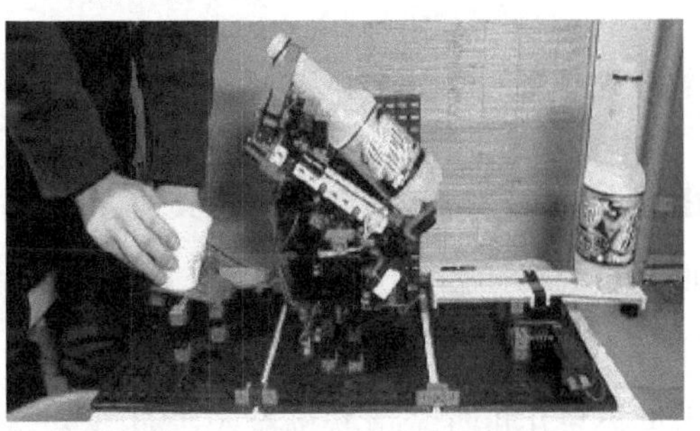

图 4－2－1　自动倒酒器

4.3 基于模块化机器人的多自由度机构装配及运动分析

开放实验类型：

■自选实验项目型 □学科竞赛型 □参与科研型

实验项目类型：

□验证性 ■设计性 ■综合性 □研究创新性 □其他

4.3.1 实验项目任务书

1. 实验设备

本实验设备为六自由度模块化可拆装串联机器人，如图 4-3-1 所示。

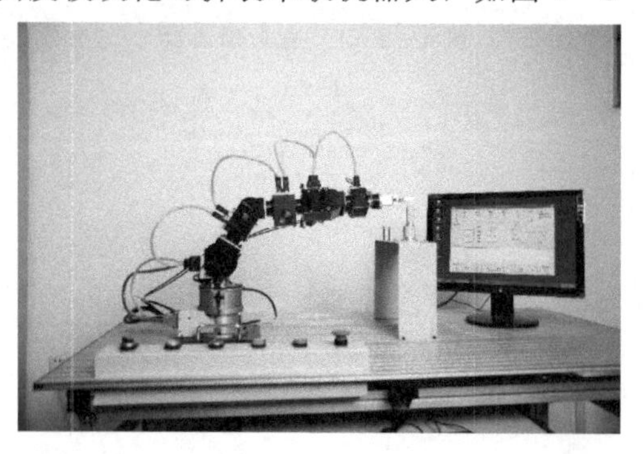

图 4-3-1 六自由度模块化可拆装串联机器人

2. 实验目的

（1）了解六自由度模块化可拆装串联机器人在工业现场的应用，增强学生对工业现场实践应用的认识。

（2）了解机器人机械系统的组成及各部分的原理、作用。

（3）培养学生动手装配能力，锻炼学生“探究性学习”的能力。

3. 实验内容

本实验以六自由度模块化可拆装串联机器人为教学平台，主要开展以下实验内容。

（1）机器人各模块的装配和拆卸实验。

机器人各关节内部结构多样化，采用了同步齿形带传动、谐波减速传动、行星减速传动、锥齿轮传动、蜗轮蜗杆传动等多种传动方式。学生对模块 1 至模块 6 进行装配，单体模块装配完毕后，按照需求连接各模块，搭建二至六自由度五种组合方式机器人系统，之后按照装配的逆过程进行拆卸。

（2）三维测绘建模。

任选一种三维建模软件对零部件进行测绘建模，并进行模拟装配。

（3）机构运动的示教编程与再现实验。

操作者把规定的目标动作一步一步地教给机器人，机器人将操作者所示教的各个点的动作顺序信息、动作速度信息、位姿信息等记录在存储器中。根据需要，机器人的执行机构重复示教过程规定的各种动作。

（4）机构的正运动学和逆运动学分析。

给定机器人各关节的角度或位移，求解机器人末端执行器相对于参考坐标系的位置和姿态，求解机器人的工作空间。

（5）机器人搬运装配实验。

机器人执行搬运作业，例如控制机器人的气动手爪抓取实验架上的轴，并将其放入特定位置的轴套中。

（6）采用 Visual C＋＋编程，进行机器人的仿真模拟。

4. 实验进度安排

第 1 周：查阅文献资料，了解机器人的发展历史、分类及六自由度模块化可拆装串联机器人在工业现场的应用。结合实验对象，了解六自由度模块化可拆装串联机器人机械系统中的原动部分、传动部分和执行部分的位置及在机器人系统中的工作状况，掌握机器人单模块运动的方法。

第 2 至 4 周：对机器人本体各模块进行拆卸与装配实验，搭建二至六自由度五种组合方式机器人系统。通过装拆实验，学生掌握谐波减速器、行星减速器、步进电机、伺服电机等关键部件的组成及工作原理，并进行测绘建模。

第 5 周：装配整体模块机器人。进行机器人示教编程与再现实验及机器人搬运装配实验，机器人搬运作业包括气动手爪和电磁铁两种方式。

第 6 周：学习机器人笛卡儿坐标系的建立、机器人正运动学分析和机器人逆运动学分析。

第 7 周：采用 Visual C＋＋编程，进行机器人的仿真模拟。

第 8 周：撰写实验报告并答辩，要求以 PPT 的形式介绍作品。

5. 实验要求

（1）实验过程中注意操作规范和安全。

（2）要求写实验日志，详细、准确、实时地记录实验过程和研究体会。

6. 参考资料

[1] 汇博机器人．六自由度模块化可拆装串联机器人设备说明书[Z]．苏州：江苏汇博机器人技术股份有限公司，2012.

[2] 陈晓南，杨培林．机械设计基础[M]．4 版．北京：科学出版社，2023.

4.3.2　作品图片

本实验作品如图 4－3－2 所示。

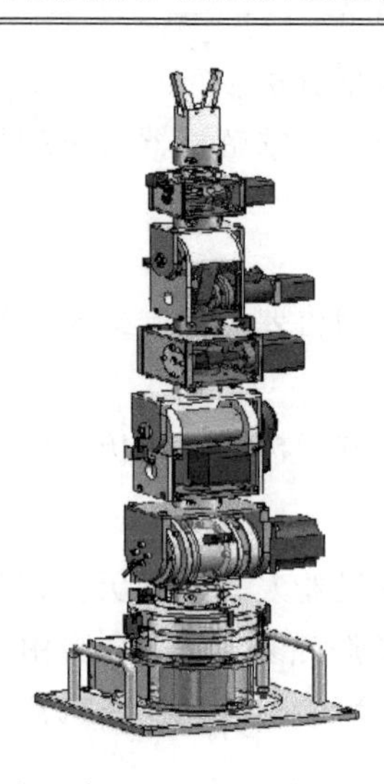

图 4-3-2　六自由度模块化可拆装串联机器人三维模型

4.4　机器的 Inventor 三维建模及运动仿真

开放实验类型：

■自选实验项目型　■学科竞赛型　□参与科研型

实验项目类型：

□验证性　■设计性　■综合性　■研究创新性　□其他

4.4.1　实验项目任务书

1. 实验设备

本实验设备包括 Inventor 软件、学校机器馆中各类机器。

2. 实验目的

本实验目的是培养学生三维建模能力。

3. 实验内容

机构设计、运动仿真和三维建模是提高学生机械设计能力的三个基础。本实验基于工程机器，学生通过对真实机器的测绘、建模及运动仿真，了解机器的结构组成及运动特性。

4. 实验进度安排

第 1 至 2 周：了解整体实验任务；观察机械的运动，了解机械的结构，同时安装 Inventor 软件，了解软件功能。

第 3 至 5 周：学习相关案例，观察和测量机器，根据测量数据使用 Inventor 软件绘制机器的零部件及整体结构的三维模型。

第 6 至 7 周：使用 Inventor 软件对所建模型进行运动仿真分析。

第 8 周：撰写实验报告和学习心得。

5. 实验要求

(1) 在机器馆测绘机器过程中注意安全。

(2) 要求写实验日志，详细、准确、实时地记录实验过程和研究体会。

4.4.2　作品图片

本实验作品如图 4-4-1 和图 4-4-2 所示。

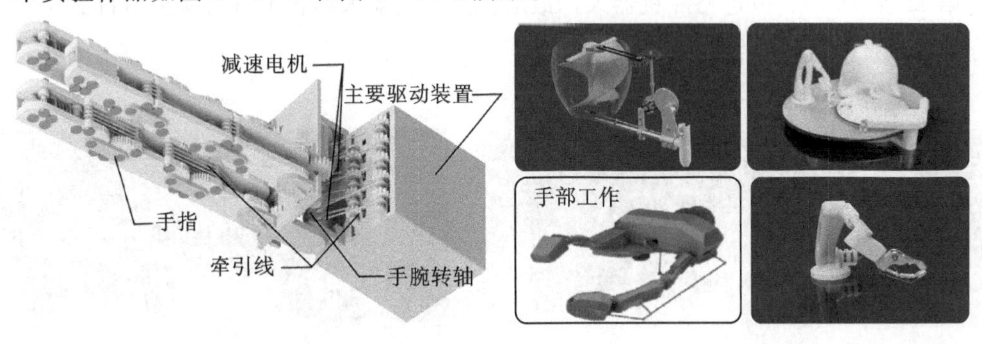

图 4-4-1　线驱动机械手　　　　图 4-4-2　花样饺子制作机

4.5 轮式格斗机器人设计与制作

开放实验类型：

□自选实验项目型 ■学科竞赛型 □参与科研型

实验项目类型：

□验证性 ■设计性 ■综合性 ■研究创新性 □其他

4.5.1 实验项目任务书

1. 实验设备

本实验设备为创意之星模块化机器人套件。

2. 实验目的

（1）了解机器人设计与制作的基本理论知识。

（2）培养结构设计能力和动手实践能力。

3. 实验内容

本实验以智能格斗机器人比赛为背景，设计制作出符合比赛要求的轮式格斗机器人，要求机器人能够自主登台，自主识别对方机器人，并采取相应的攻击动作，直至把对方机器人推出场地之外。具体内容包括：

（1）学习机器人设计与制作相关知识，熟悉智能格斗机器人比赛规则。

（2）在制定登台方式、打斗策略的基础上进行格斗机器人结构设计，包括车体、登台机构等。

（3）机器人制作，包括本体搭建，驱动器、传感器的选择、布置、标定，控制程序的编写等。

（4）机器人调试与实战。

4. 实验进度安排

第 1 周：熟悉格斗机器人比赛规则，查阅格斗机器人相关资料。

第 2 周：分组讨论，确定各组的比赛策略。

第 3 至 7 周：格斗机器人结构设计。

第 8 至 10 周：学习机器人控制相关知识。

第 11 至 13 周：制作与调试格斗机器人。

第 14 至 16 周：改进格斗机器人，最终作品在机器人擂台上进行实战对抗。

4.5.2 作品图片

本实验作品如图 4-5-1 所示。

图 4-5-1 轮式格斗机器人

4.6　深度学习视觉格斗机器人

开放实验类型：
□自选实验项目型　■学科竞赛型　□参与科研型
实验项目类型：
□验证性　□设计性　■综合性　■研究创新性　□其他

4.6.1　实验项目任务书

1. 实验设备

本实验设备为视觉格斗机器人。

2. 实验目的

(1) 了解 Python 语言和视觉识别技术。
(2) 培养自主学习能力和动手实践能力。

3. 实验内容

本实验以智能格斗机器人比赛为背景，在竞赛规则范围内完成机器人目标连续跟踪、图像制导、机械臂运动规划等。具体内容包括：

(1) 熟悉视觉对抗项目比赛规则；
(2) 学习 Python 语言；
(3) 控制机器人运动；
(4) 训练机器人识别；
(5) 机器人调试与实战。

4. 实验进度安排

第 1 周：熟悉视觉对抗项目比赛规则，查阅相关资料。
第 2 至 5 周：学习 Python 语言。
第 6 至 8 周：控制机器人运动。
第 9 至 14 周：训练机器人识别。
第 15 至 16 周：机器人实战演示。

4.6.2　作品图片

本实验作品如图 4-6-1 所示。

图 4-6-1　视觉格斗机器人

第5章　机械创新设计（CDIO项目实践）

本章主要是机械创新设计CDIO（Conceive Design Implement Operate，构思、设计、实现、运作）项目实践，以产品从构思到设计开发再到运行的完整过程为载体，将机械产品的概念设计、方案设计、机构/结构设计、运动分析/力学分析/可靠性分析、加工制作、控制实现、性能测试与评估等内容有机融会贯通，让学生以主动的、实践的、课程之间有机联系的方式学习科学和工程知识，以提高学生应用所学知识、方法和先进设计工具解决机械产品设计开发过程中的实际工程问题的实践能力、创新能力和团队合作能力。

本章主要以案例的形式介绍全国大学生机械创新设计大赛国赛获奖作品，作品简介、相关图片等均摘自设计者的参赛资料。

5.1　基于互动教学的立体影像展示机

获得奖项：第六届全国大学生机械创新设计大赛国赛一等奖

设计者：李晗，陆竹风，张佳佳，葛柳华，王洋

5.1.1　设计背景

第六届全国大学生机械创新设计大赛（2014年）的主题为“幻·梦课堂”，内容为“教室用设备和教具的设计与制作”。要求学生根据对日常课堂教学情况的观察，或根据对若干年以后未来课堂教学环境和状态的设想，设计并制作出能够使课堂教学更加生动、更具吸引力的机械装置。

5.1.2　作品简介

立体影像展示机

针对目前机械类通识课程的教学现状和教学特点，设计了一款适用于小班教学模式的立体影像展示机。图5-1-1展示了立体影像展示机的机构示意图、三维模型图及实物图，可以扫描右侧二维码观看立体影像展示机的演示视频。其显示部分由四块有机玻璃组成，形成倒金字塔形，通过光反射达到四面成像效果。可以对物体的四个不同方位的影像进行展示，达到近似立体展示的效果，使教师所讲授的物体以近似立体的效果直观地呈现出来，更加形象化展示课堂内容，从而让学生能够更加直观地学习机械专业相关知识。

立体影像展示机具有收合、升降和旋转功能。收合功能可以将四块有机玻璃板铺平，从而节省空间；升降功能可以使立体影像展示机在闲置状态时升至上方天花板处，在使用时再降至合适的位置，可以根据需要对立体影像展示机进行调节，节省空间；旋转功能可以让成像部分旋转，这样处于不同方位的学生能观察到四块有机玻璃上的影像。

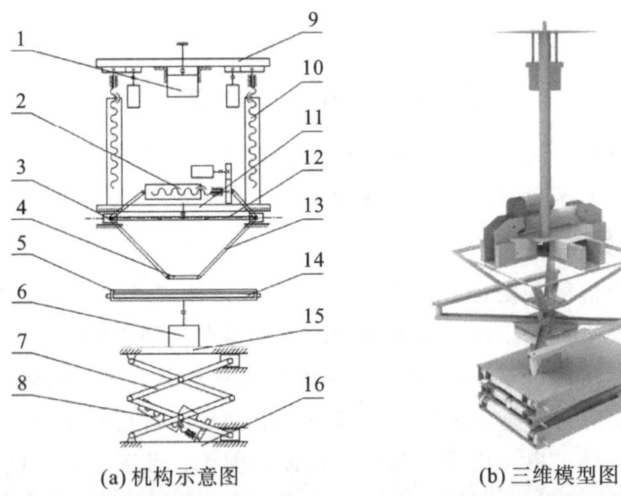

(a) 机构示意图　　(b) 三维模型图

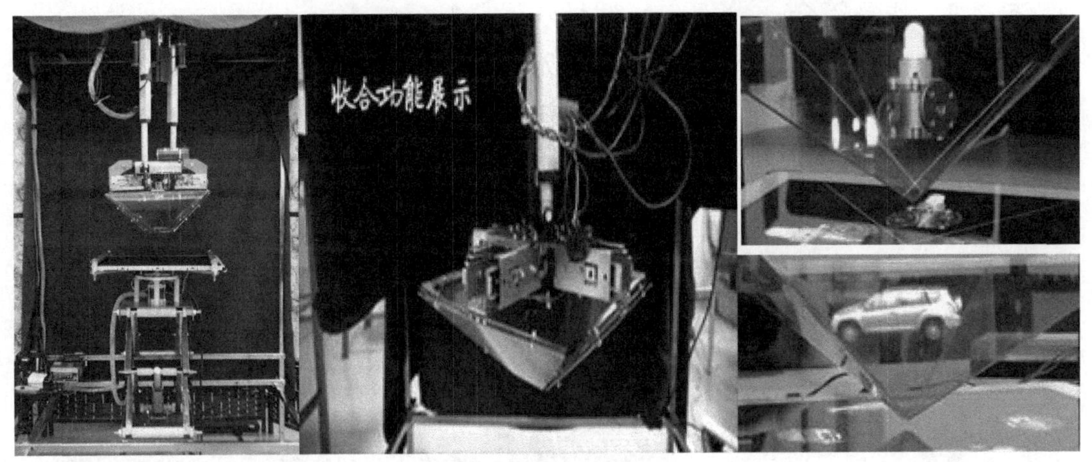

(c) 实物图

1—旋转电机；2—收合电机；3—导轨；4—底板；5—X 形架；
6—屏幕旋转电机；7—升降连杆；8—屏幕升降电机；9—顶板；10—直线推杆；
11—中心板；12—曲柄滑块；13—有机玻璃板；14—液晶屏；15—底座顶板；16—底座底板。

图 5-1-1　立体影像展示机

5.2 助力柑子采摘器

获得奖项：第八届全国大学生机械创新设计大赛国赛一等奖

设计者：周意葱、云京新、肖佳诚、侯相国、张磊

5.2.1 设计背景

第八届全国大学生机械创新设计大赛（2018 年）的主题为“关注民生、美好家园”，内容为“解决城市小区中家庭用车停车难问题的小型停车机械装置的设计与制作”和“辅助人工采摘包括苹果、柑橘、草莓等 10 种水果的小型机械装置或工具的设计与制作”。本届大赛设计内容中，家庭用车指小轿车、摩托车、电动车、自行车 4 种；辅助人工采摘的水果仅针对苹果、梨、桃、枣、柑子、橘子、荔枝、樱桃、菠萝、草莓这 10 种水果。

5.2.2 作品简介

我国目前柑橘种植面积和年产量均为世界第一，但柑子的采摘仍以人力手持剪刀进行剪切采摘为主，存在采摘费力、收集费时、采摘者劳动强度大的问题。同时，高处柑子的采摘需借助梯子等工具，存在一定的危险性。基于此，设计制作了一款不同于传统柑子采摘方式的高位水果采摘器。图 5 - 2 - 1 展示了采摘器的三维模型和实物样机，扫描右侧二维码可观看实物演示视频。

助力柑子采摘器

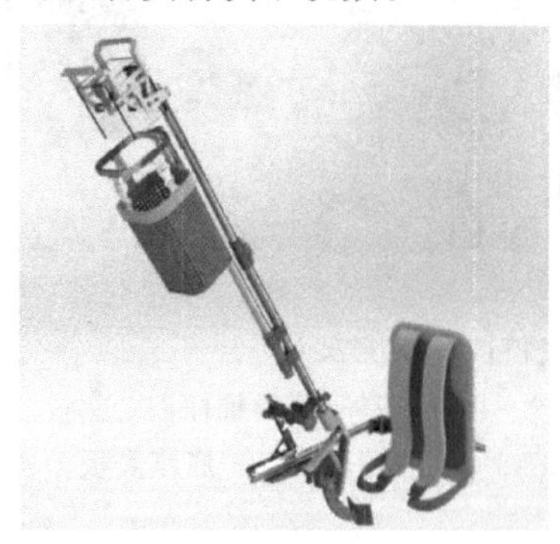

(a) 三维模型图

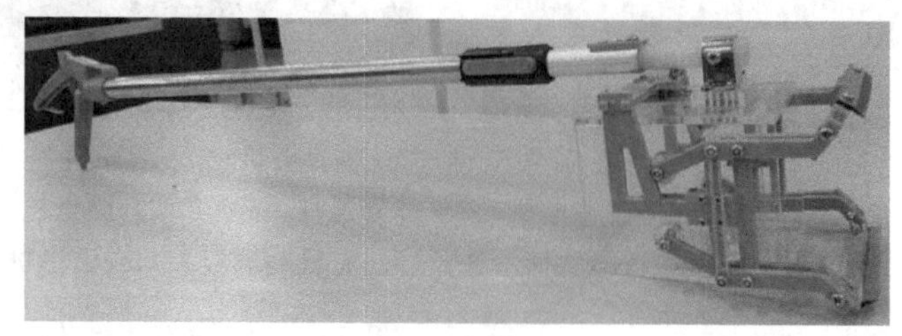

(b) 实物图

图 5 - 2 - 1 助力柑子采摘器

该采摘器包括采摘装置、收集装置和助力装置三部分。采摘装置主要由驱动手柄、可锁止高度调节机构、可伸缩采摘杆、联动式对称十杆机构及切割刀片组成。利用可锁止高度调节机构实现采摘杆的伸缩，利用联动式对称十杆机构实现刀片的开合。其中，十杆机构为滑块摇杆机构的创新机构，图 5 - 2 - 2 (a) 为该机构的机构运动简图，通过一个滑块带动两个摇杆协同运动，通过两摇杆联动带动切割刀片完成开合运动，实现采摘。图 5 - 2 - 2 (b)、(c) 为采摘装置的三维模型和应变云图。收集装置主要由推杆电机、可伸缩支撑杆及可拆卸收集框组成。利用推杆电机实现支撑杆的伸缩，同时收集框可拆卸的设计使得其能完成单次多个及多次多个柑子的收集。助力装置为可穿戴式设计，主要由角度调节器、折叠机构、铝型材框架、背带及腿撑组成。利用角度调节器可调节采摘框与柑子的相对俯仰角度，同时其自锁功能可将采摘杆定于某一角度，解放操作者双手；利用折叠

机构实现铝型材框架的折叠，借助背带与腿撑将手部的受力分散至操作者的肩部与腿部，具有提高操作者采摘舒适度的效果。

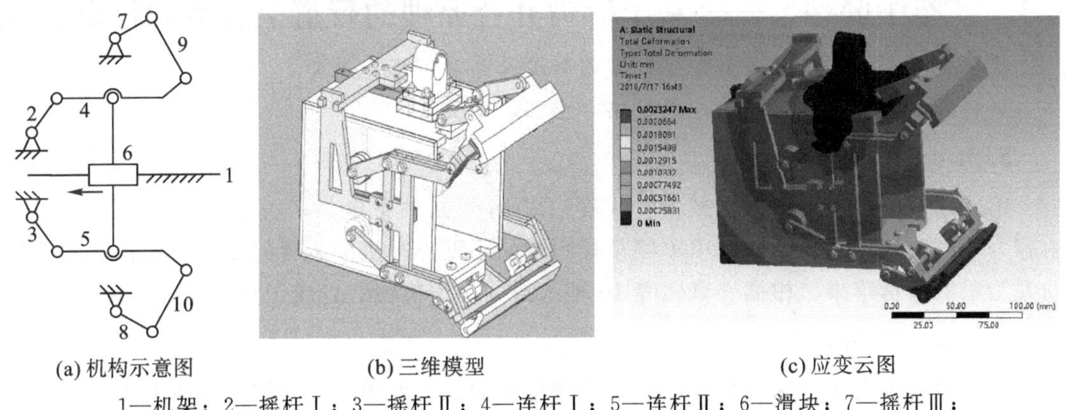

(a) 机构示意图　　(b) 三维模型　　(c) 应变云图

1—机架；2—摇杆Ⅰ；3—摇杆Ⅱ；4—连杆Ⅰ；5—连杆Ⅱ；6—滑块；7—摇杆Ⅲ；8—摇杆Ⅳ；9—连杆Ⅲ；10—连杆Ⅳ。

图 5-2-2　采摘装置

助力柑子采摘器可以在保证采摘舒适性的同时，高效完成柑子的采摘、收集，达到较好的综合效果，为高位柑子的采摘提供了一种新的模式。

5.3 “空中驿站”——基于梳齿开合原理的行道上方空间停车系统

获得奖项：第八届全国大学生机械创新设计大赛国赛一等奖

设计者：胥浩天，王锦阁，霍子瑶，仝茹，周文兴

5.3.1 设计背景

第八届全国大学生机械创新设计大赛（2018 年）的主题为“关注民生、美好家园”，内容为“解决城市小区中家庭用车停车难问题的小型停车机械装置的设计与制作”和“辅助人工采摘包括苹果、柑橘、草莓等 10 种水果的小型机械装置或工具的设计与制作”。

5.3.2 作品简介

针对目前国内车辆保有量与已有车位量存在的巨大矛盾，传统的停车场对于空间的利用并不充分，市场上现有的新型停车系统不解决自动化与智能化程度和成本之间的矛盾，本作品着眼于小区行道上方空间，在此基础上形成一种安全性较高、易于维护且成本相对较低的智能化停车系统，进一步为现有的已规划并建设完全的小区增加停车空间。

本作品是一种道路上方车位可扩展式全自动立体停车系统，图 5-3-1 展示了停车系统的实物样机，包括立体停车位的支撑框架、行道旁的停取车台、抬升机构、堆垛机、同步带导轨、有轨制导车辆（Rail Guided Vehicle，RGV）、控制系统、APP 用户端。停取车台与抬升机构共同完成车辆抬升工作；停取车台和堆垛机上有相互配合的梳齿机构，以完成车辆的交接；RGV 装有剪式升降机构，其上带有梳齿板，RGV 可以通过剪式升降机构与堆垛机或车位上梳齿的配合，完成车辆交接。该停车系统占用空间少，停取车方便快捷，45 s 内可完成任一位置车辆的停取操作。扫描右侧二维码可观看本作品演示视频。

停车系统

图 5-3-1 基于梳齿开合原理的行道上方空间停车系统

5.4　“乐扶”——基于人工智能和室内定位的辅助起立机器

获得奖项：第九届全国大学生机械创新设计大赛国赛一等奖

设计者：刘璇、闫浩东、刘鑫、陈高铭、陈长欢

5.4.1　设计背景

第九届全国大学生机械创新设计大赛（2020 年）的主题为“智慧家居、幸福家庭”，内容为“设计与制作用于：帮助老年人独自活动起居的机械装置；现代智能家居的机械装置”。

5.4.2　作品简介

辅助起立机器

中国已逐步进入老龄化社会，由此带来的社会养老问题日益凸显。现阶段我国的养老体系尚未健全，大部分养老院等场所的基础设施建设无法保证老年人晚年生活的幸福感，部分高龄老人在独居生活中日常的起立动作都成为困难。基于此，本团队研制出一款智能辅助起立装置，如图 5-4-1 所示，扫描右侧二维码可观看实物作品演示视频。

图 5-4-1　实物作品

本设计基于人工智能和室内定位，主要辅助老年人从座椅、马桶、床边等位置起立，起到一定的照顾老年人生活起居的作用，帮助高龄老人解决最基本的生活起居问题。本设计通过在老年人的居住场所利用超声波传感器建立三个定位基站，进而根据三角定位算法实现人体位置的准确定位。辅助起立装置安装在一移动的底盘上，底盘上布置了测距传感器，通过 Bug 避障算法进行路径规划，结合定位坐标自主运行到距老年人一定的距离处。然后使用自主设计的人脸识别算法，利用实时视频流中方框的中心点坐标及方框的面积大小对底盘进行 PID（Proportional Integral Derivative，比例、积分、微分）控制，机器对正人体，逐步靠近，最终缓慢运行到人体正前方，实现精准定位和准确停靠。人体微倾靠在机器上，通过遥控器远程控制电动推杆，可以实现将老年人从座椅上抬起的动作。抬起机构采用八连杆机构，其末端的运动过程符合人体力学的轨迹（见图 5-4-2）。对八连杆机构进行应力分析（见图 5-4-3），在机器抬起运动的过程中，人体后方有一柔性机构进行保护，可以在保证舒适性的同时起到安全防护的作用。抬起动作完成后，人们可以通过操纵机器扶手上的摇杆控制底盘移动，进而实现室内移动的功能。此外，人们可以利用手机 APP 对机器的运动进行远程控制，方便日常的机器停放和管理。

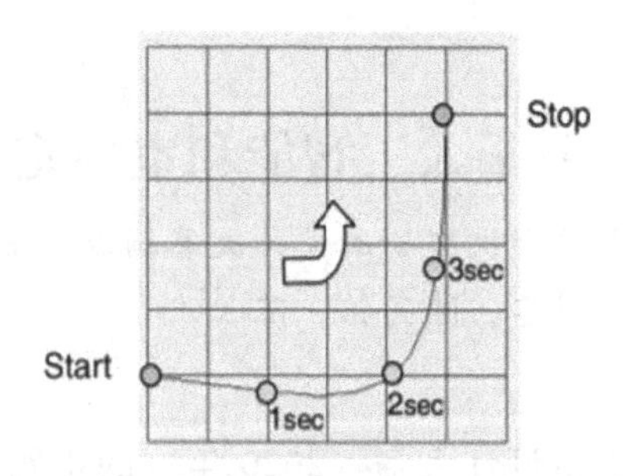

图 5-4-2 人体起立腋下固定点运动轨迹

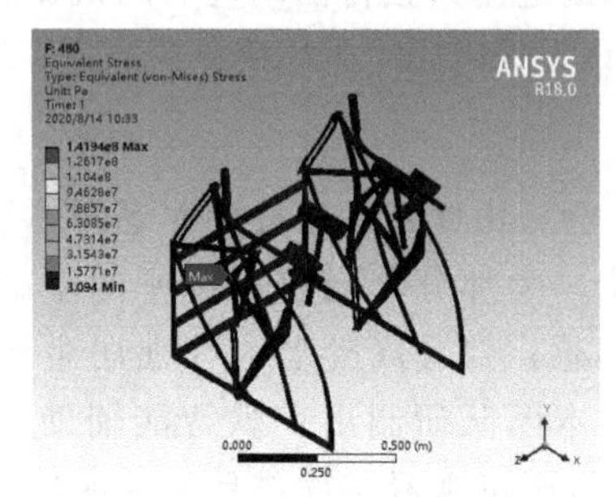

图 5-4-3 模型最低点应力图

本设计将人工智能与机械结构紧密结合，赋予机器一定的智能性，可以在应对人口老龄化方面发挥积极作用。

5.5　“螭龙”——脊髓模型驱动的仿生蝾螈

获得奖项：第十届大学生机械创新设计大赛国赛一等奖

设计者：白蒙、赵宇珂、陈贯劼、史敬瑶

5.5.1　设计背景

第十届全国大学生机械创新设计大赛（2022 年）的主题为“自然・和谐”，内容为“设计与制作：模仿自然界动物的运动形态、功能特点的机械产品（简称仿生机械）；用于修复自然生态的机械装置，包括防风固沙、植被修复和净化海洋污染物的机械装置（简称生态修复机械）”。

5.5.2　作品简介

如今，机器人越来越多地被用于动物运动研究。然而，考虑到肌肉-骨骼系统的复杂性，设计一种模拟动物运动学与动力学特征的机器人通常是困难的。此外，蝾螈作为最接近早期陆生脊椎动物的四足生物之一，其在生物从水生到陆生进化过程的研究中具有重要意义。基于此情况，设计了一种以中枢模式发生器（Central Pattern Generators，CPG）作为控制中枢的仿生蝾螈，图 5-5-1 为仿生蝾螈的实物样机。该仿生机器人主要包括动力控制系统、高级中枢系统、全驱动运动系统及与之正交的欠驱动运动系统。动力控制系统由定制 ESP32 主控、串行舵机控制器、直流电机控制器组成。串行舵机控制整机的水平摆动及四肢运动，直流电机驱动整机的竖直摆动。其中 ESP32 主控与图形化上位计算机进行通信，并控制舵机进行动作。高级中枢系统包括图形化上位计算机与感知系统。欠驱动运动系统主要利用蜗轮蜗杆减速箱、斜齿锥齿轮传动及线驱动传动，如图 5-5-2 所示。欠驱动运动系统中的蜗轮蜗杆减速箱具有自锁功能，可减少线驱动系统对水平摆动的影响。全驱动运动系统使用 CPG 产生稳定的节奏模式，并实现两栖步态间的平滑过渡。

该作品将 CPG 脊髓模型应用到仿生机器人中，实现了稳定、抗干扰能力较强的步态输出及平滑的步态间过渡；在保证水平摆动的基础上添加欠驱动单元，改善了蝾螈机器人在复杂地形下的运动性能。作品采用便于拆装的模块化设计，机构设计简洁，外形美观，可扫描下方二维码观看实物作品视频。

仿生蝾螈

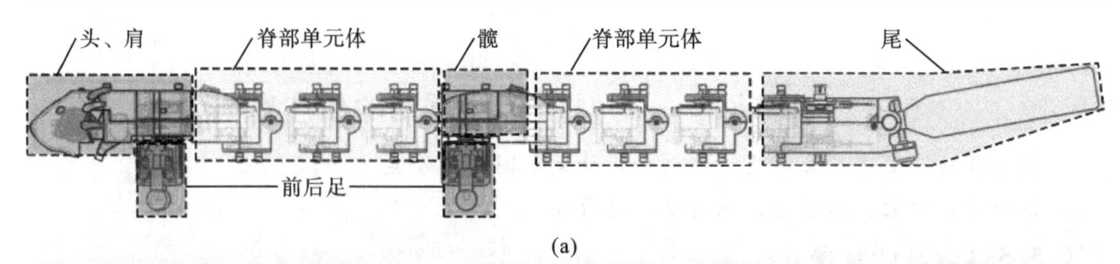

(a)

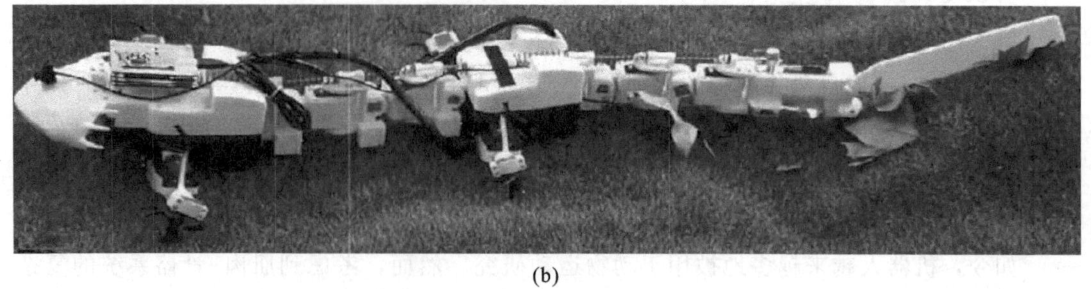

(b)

图 5-5-1　仿生蝾螈展示

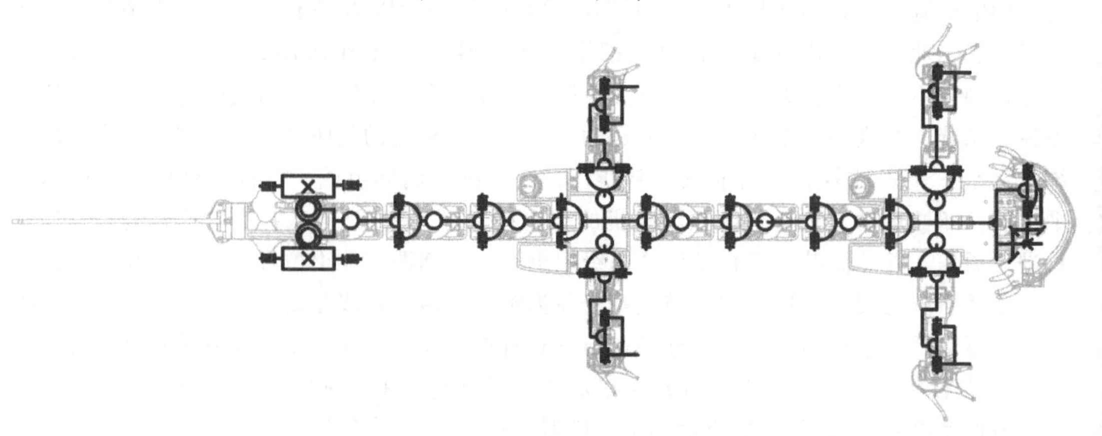

图 5-5-2　仿生蝾螈运动机构示意图

参考文献

[1] 陈晓南，杨培林．机械设计基础[M]．4版．北京：科学出版社，2023.
[2] 张春林，赵自强．仿生机械学[M]．北京：机械工业出版社，2021.
[3] 西安交通大学. 机构创新设计实验指导书[Z]．西安：西安交通大学，2017.
[4] 西安交通大学. 带传动实验指导书[Z]．西安：西安交通大学，2017.
[5] 西安交通大学. 渐开线齿轮范成实验指导书[Z]．西安：西安交通大学，2017.
[6] 西安交通大学. 回转构件动平衡实验指导书[Z]．西安：西安交通大学，2017.
[7] 西安交通大学. 轴系的设计与搭接实验指导书[Z]．西安：西安交通大学，2017.